電気・電子・情報・通信 基礎コース

高電圧プラズマ工学

林 泉 著

丸善出版

電気・電子・情報・通信 基礎コース編集委員会

委員長	菅野卓雄	東洋大学工学部電気電子工学科
委　員	河野照哉	東京大学工学部電気工学科
〃	正田英介	東京理科大学理工学部電気工学科
〃	多田邦雄	横浜国立大学工学部電子情報工学科
〃	木村英俊	東海大学開発技術研究所
〃	田中英彦	東京大学工学部電気工学科

本書は，書籍からスキャナによる読み取りを行い，印刷・製本を行っています．一部，装丁が異なったり，印刷が不明瞭な場合がございます．

刊行のことば

　本電気・電子・情報・通信 基礎コースは電気関連工学系の学生のために，標題通り基礎学力の養成を主たる目的として編集された教科書コースです．
　電気関連工学は特に20世紀に入って驚異的な進歩を遂げました．電力工学や電気機械工学を基礎とする狭義の電気工学もますます精緻なものとなり，工学として成熟するとともに，プラズマの応用や半導体電子工学の成果を導入したパワーエレクトロニクスの登場など新しい展開を示しております．
　電子工学も電子管からトランジスタ，引き続いて集積回路の発明により，半導体エレクトロニクスといわれる新分野を確立し，エレクトロニクス機器の社会的普及をハードウェアの面から可能にしたといってもよいでしょう．さらにレーザの発明と光ファイバ技術の進歩は光通信や光情報処理など光エレクトロニクスといわれる学問を形成しました．
　今世紀における最も大きな発明の一つに計算機が挙げられることが多いと思いますが，計算機に支えられた情報工学，さらにこれを発展させた人工知能など情報科学の進歩には目覚しいものがあります．
　通信工学も歴史の古い分野ですが，通信理論などにより学問として飛躍的発展を遂げ，さらに最近ではマルチメディアと称して新しい展開が見られます．
　このように電気関連工学が広い範囲にわたり進歩いたしますと，大学在学期間中にそのすべてを学ぶことは各分野の入り口だけでも容易ではありません．教える側はどうしても学問としての体系を重視し，ある程度の水準まで授業内容を高める努力をします．学生の方は，各分野の授業に対する要求，期待は多

様であって，その分野について専門的に奥深い勉強をしたいと考えている学生もいる一方で，一般教養的な意味で学習しようとする学生もいます．電気関連工学を学んだ学生が活躍する社会的分野が広がるほど，学生の期待はますます多様化していくことは避けられません．

大学における教育も，このような多様な要求に応えるものでなければならず，そのためには授業で取り扱うテーマは今日的なものであって，学生の好奇心，問題意識を喚起するようなものが望まれます．しかし単に話題性を求めて網羅的に取り上げるものではなく，各分野の基礎を完全に理解させるものでなくてはならないと思います．重要なのは，基礎事項が触れられているということではなく，それが如何に理解しやすいように取り入れられているかであり，特にこの点に注意を払って編集し，執筆をお願いしました．

本コースが，読者諸氏のご期待に沿えれば幸いです．

1994年11月

編集委員長　菅　野　卓　雄

まえがき

　絶縁物は，過大な電圧が加えられると導体に変化する．この現象を絶縁破壊という．高電圧プラズマ工学では，絶縁破壊の発生機構，絶縁破壊の防止法，高電圧の応用，などについて研究するとともに，気体の絶縁破壊で生じるプラズマについても研究を行う．

　第9章にみられるように，高電圧プラズマ応用はあらゆる分野に及び，しかも，電力の供給や照明などのように，社会的に必要不可欠なものが多い．そのうえ，絶縁設計が適切でないと，電気を用いるすべての装置や機器が，所定通りに動作しなくなってしまう．また，高電圧プラズマ工学関係の技術を活用すると，従来のレベルを越えた新しい研究や産業を発展させることができる．このため，高電圧プラズマ工学は社会的にきわめて重要であり，電気関連学科の学生にとって必須科目といえる．

　本書は，この高電圧プラズマ工学を初めて学ぶ読者を対象に，次の方針，方式で書かれている．

(1) 基礎事項を易しく説明することに努めるとともに，新しい分野も，できるだけ多く紹介する．
(2) 単位は原則として国際単位系（SI）に準拠する．
(3) 本書では使用しないが，参考になる数式などは〔補足〕の見出しをつけて示す．
(4) さらに詳しいことを知りたい読者のために，参考文献のリストを巻末に付ける．また文献番号は，本文中に [1] のように示す．

(5) 演習問題を解くのに必要な物理定数も巻末に示す．

　なお，紙面の都合で，参考文献は本文の記述に関係の深いものだけにしぼらざるをえなかった．ハンドブック類に掲載されている文献リストを活用されたい．

　最後に，本書の出版について種々ご高配を賜った工学院大学 河野照哉教授（東京大学名誉教授）に心からお礼を申し上げる．また，第2章 PAUSE の写真は，以前，金沢工業大学 石橋鐐造，花岡良一両教授，金沢大学 高嶋 武教授が学会で渡欧された折，New Cavendish 研究所に掲示されている写真を，承諾を得て撮影してきて下さったものであり，諸先生のご好意に対し深甚なる謝意を表する．さらに，出版の過程において並々ならぬご尽力をいただいた丸善株式会社出版事業部の方々に厚くお礼を申し上げる．

1996年8月

林　　泉

目　次

1　はじめに …… 1
1.1　高電圧現象 …… 1
1.2　プラズマ …… 3
1.3　高電圧プラズマ工学の特徴 …… 7
POINT …… 9
演習問題 …… 9

2　気体の絶縁破壊とプラズマの生成 …… 11
2.1　気体の性質 …… 11
2.2　気体中における荷電粒子の運動 …… 14
2.3　気体の絶縁破壊の前駆現象 …… 18
2.4　α 作用と γ 作用による全路破壊 …… 24
2.5　インパルス電圧による全路破壊 …… 31
2.6　$p_0 d$ が大きい場合の気体の絶縁破壊 …… 34
2.7　各種の放電 …… 35
2.8　絶縁物としての大気 …… 39
POINT …… 45
演習問題 …… 45

3　液体，固体および複合誘電体の絶縁破壊 …… 47
3.1　誘電体 …… 47
3.2　液体の絶縁破壊 …… 48
3.3　固体の絶縁破壊 …… 52

3.4　沿面放電 …………………………………………………… 57
　　3.5　トラッキング ……………………………………………… 61
　　POINT ………………………………………………………… 62
　　演習問題 ……………………………………………………… 62

4　プラズマの基礎 …………………………………………………… 63
　　4.1　混合気体としてのプラズマ ………………………………… 63
　　4.2　プラズマの特徴 ……………………………………………… 65
　　4.3　流体方程式 …………………………………………………… 69
　　4.4　プラズマの流体方程式 ……………………………………… 72
　　POINT ………………………………………………………… 75
　　演習問題 ……………………………………………………… 75

5　放電プラズマ ……………………………………………………… 77
　　5.1　低気圧放電プラズマ ………………………………………… 77
　　5.2　静電探針 ……………………………………………………… 87
　　5.3　高気圧放電プラズマ ………………………………………… 90
　　POINT ………………………………………………………… 95
　　演習問題 ……………………………………………………… 95

6　磁界中における荷電粒子の運動とその応用 ………………… 97
　　6.1　一様定常磁界 ………………………………………………… 97
　　6.2　一様定常磁界と外力 ………………………………………… 100
　　6.3　磁力線と垂直方向に不均一な磁界 ………………………… 105
　　6.4　磁力線の方向に不均一な磁界 ……………………………… 109
　　6.5　磁気ピンチと MHD 不安定性 ……………………………… 111
　　POINT ………………………………………………………… 113
　　演習問題 ……………………………………………………… 113

7 高電圧・パルスパワーの発生 ……………………… 115
- 7.1 交流高電圧の発生 ……………………………… 115
- 7.2 直流高電圧の発生 ……………………………… 117
- 7.3 パルスパワーの発生 …………………………… 121
- POINT …………………………………………… 132
- 演習問題 ………………………………………… 133

8 高電圧・パルスパワーの測定 ……………………… 135
- 8.1 交流高電圧の測定 ……………………………… 135
- 8.2 直流高電圧の測定 ……………………………… 138
- 8.3 インパルス高電圧の測定 ……………………… 140
- 8.4 インパルス電流の測定 ………………………… 145
- 8.5 光応用計測 ……………………………………… 147
- POINT …………………………………………… 149
- 演習問題 ………………………………………… 149

9 高電圧プラズマ応用 ………………………………… 151
- 9.1 大電力の長距離輸送 …………………………… 151
- 9.2 荷電粒子ビーム応用 …………………………… 158
- 9.3 部分放電の応用 ………………………………… 165
- 9.4 フラッシオーバの応用 ………………………… 170
- 9.5 プラズマの熱の利用 …………………………… 170
- 9.6 プラズマの光の利用 …………………………… 174
- 9.7 低温プラズマによる固体表面の加工 ………… 178
- 9.8 各種プラズマ応用 ……………………………… 182
- POINT …………………………………………… 188
- 演習問題 ………………………………………… 188

文　献 ………………………………………………… 191

解　答 ………………………………………………… 193

x

索　引 ……………………………………………………………… 195

```
┌─────────────────────PAUSE─────────────────────┐
│  plasma の名称について                    10   │
│  J.J. Thomson と Research Students        46   │
│  大哲学者 西田幾多郎先生の日記           134   │
└────────────────────────────────────────────────┘
```

1 はじめに

　高電圧プラズマ工学とは，高電圧現象とプラズマの特性を調べ，それをいかに社会に役立てるかを研究する学問である．本章では，高電圧現象とプラズマとはおおよそどのようなものであるかを解説する．

1.1　高電圧現象

　絶縁物にある値以上の電圧が加わると，導体として作用するようになる．この現象を**絶縁破壊** (electric breakdown) といい，絶縁破壊に伴って電流が流れることを**放電** (electric discharge) という．絶縁破壊により故障が発生すると，電気を用いるすべての装置や機器は所定通り動作しなくなってしまい，場合によっては大きな事故が引き起こされる．したがって，電気を利用する場合には，まず第 1 に絶縁破壊がどのようにして起こるかを把握し，かつ，その対策法を確立しておかなければならない．

　絶縁破壊対策は，非常に高い電圧が用いられる分野だけでなく，低い電圧が用いられる半導体集積回路などでも重要な課題になっている．集積回路では狭い空間に多数の回路を組み込むため，絶縁膜にかかる電界は数 100 万 V/cm にも達し，絶縁上きわめて厳しい状況にある．

　ところで，絶縁破壊の様相は，電極の形状などによりさまざまに変化する．例えば，大気中に設けられた針電極と平板電極間に直流電圧を加え，その値を次第に上昇させると，図 1.1 (a) に示すように，針電極の尖端部分の空気が絶縁破壊を起こし，微弱な光を発する．このとき，電極間には μA (10^{-6}A) 程度

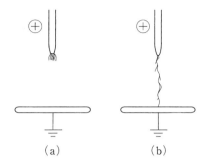

図 1.1　大気の絶縁破壊の例

の電流が流れる．この放電を**コロナ放電**（corona discharge）という．液体や固体中でも同様に局所的な放電が起こる．これらを総称して**部分放電**（partial discharge）という．コロナ放電の状況は電圧の極性によって大きく変わる．さらに電圧を上昇させると，ある値で電極間全長にわたって絶縁破壊が起こり，同図 (b) のように電極間は導電性の高い放電路で結ばれ，電流は急増する．これを**全路破壊**（complete breakdown）または**フラッシオーバ**（flashover）といい，全路破壊が生ずる電極間電圧を**絶縁破壊電圧，破壊電圧**（breakdown voltage），**フラッシオーバ電圧**などとよぶ．

　他方，平行平板電極のように電界が平等の場合には，コロナ放電は発生せず，一気に全路破壊の状態になる．また破壊電圧は，気圧によって大きく変化する．例えば，平板電極間の距離が 1 cm の場合，大気中では約 30 kV であるのに対し，1 Torr（1 mmHg）では約 400 V に低下する．そして全路破壊時の発光も，大気中ではフィラメント状であるのに対し，低圧気体中では放電管一杯に広がる．

　一般に，気体，液体，固体の絶縁物で構成された絶縁系においても，ある値以上の電圧が加えられると絶縁破壊が起こる．そして全路破壊にいたる様相は，電極の形状，電極間の距離，印加電圧の波形，絶縁物の種類や配置などによって，さまざまに変化する．これらの現象を総称して**高電圧現象**または**高電界現象**という．ただし，この場合の高電圧は，全路破壊を生じるような高い電圧を意味し，10 kV 以上というように，ある特定の電圧値をさすものではない．絶

縁破壊の防止技術の向上には，高電圧現象に関する知識の充実がぜひとも必要である．

1.2 プラズマ

電気関係の装置や機器を所定通り動作させるには，絶縁破壊による故障が生じないようにしなければならない．一方，これとは逆に，積極的に絶縁破壊を起こして利用する分野が，最近大きく発展している．その代表例がプラズマの応用である．

1.2.1 気体の電離とプラズマ

気体中で全路破壊が生じると，電極間は電流を非常に流しやすい状態になる．これは，放電空間に電荷を運ぶ電子やイオンが多数できたことを意味する．これらの荷電粒子は，気体の電離によってつくられる．**電離**（ionization）とは，原子あるいは分子が外部からエネルギーを与えられて電子を放出し，正イオンとなる現象である．原子や分子が放出する電子は，それまで原子核の近傍に核外電子として束縛されていたものである．次章で説明するが，気体分子と高速電子の衝突，波長の短い光の気体照射，気体分子同士の衝突などで電離が起こる．

電離が盛んに行われて空間内の荷電粒子の数が大きくなると，電子のグループと正イオンのグループ間の吸引力も大きくなり，全体として電気的に中性を保とうとする．例えば，電子と正イオンが一様に混在している状態において，図 1.2 の A，B 間の電子のグループが何らかの原因で右方向に変位しようとすると，A，B の部分にそれぞれ正と負の電荷が現れ，その結果，電界 E が発生し，電子の変位は引き止められる．したがって，電子と正イオンのずれが大きくなることはなく，全体として電気的にほぼ中性が保たれる．このように，正と負の荷電粒子群を含み，かつ，全体として電気的にほぼ中性の粒子の集団を，**プラズマ**（plasma）という．

プラズマの身近な例が，蛍光ランプの発光体（ガラス管の中身）である．蛍光ランプでは，気体の絶縁破壊でプラズマをつくり，それが放射する光を照明

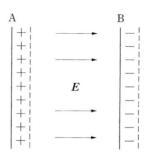

図 1.2 電子グループの変位

に利用している．そのプラズマ中には，$1\,\mathrm{cm}^3$ 当り 2×10^{11} 個程度の電子と正イオンが混在している．

なお，半導体内の電子と正孔の集団や，導体内の電子と正イオンの集団も，一種のプラズマである．これを**固体プラズマ**という．

1.2.2　Langmuir のプラズマに関する研究

プラズマの名称を初めて用いたのは米国の科学者 I. Langmuir（1881～1957年；ニューヨーク州に生まれ，1932年ノーベル賞受賞．図1.3参照）である．彼は，GE（General Electric）社に入社後，エジソンによって発明された白熱電球の長寿命化の問題に取り組んだ．初めは電球内の気体を徹底的に除去する方向で研究を推進したがうまくゆかず，逆に気体を封入することにより，長寿命でしかも効率のよい電球の開発に成功した（1913年）．

次に Langmuir は，気体封入による成功を背景に，低圧気体中の放電の研究に着手した．そのとき，図1.4のような回路で実験を行い，ガラス製の放電管の陰極には，白熱電球で用いたタングステンフィラメントを採用した．このフィラメントに電流を流して加熱すると，電子（熱電子）が放出される．このような陰極を**熱陰極**（hot cathode）といい，そうでないものを**冷陰極**（cold cathode）という．熱陰極を用いると，一般に低い電極間電圧で放電を行うことができる．

Langmuir は，静電探針（第5章参照）を考案し，図1.4の発光領域内の電子数密度（単位体積内の電子の数）などの測定に成功するとともに，陰極から

図 1.3　I. Langmuir

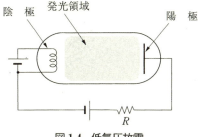
図 1.4　低気圧放電

放出されたビーム状の電子が，粒子間の衝突から予想されるよりもはるかに強い散乱を受けることを見出した．さらに，発光領域内で生じる 10^9 Hz 程度の高周波振動が電子の集団運動によるものであることを明らかにした（第 4 章参照）．そして，このように，通常の気体中ではまったくみられない現象が生じることから，発光領域内の粒子集団を新しい物質の状態と考え，plasma と名づけた（1928 年）．この plasma という名称は，to mold を意味するギリシャ語に由来しており，発光領域が放電管の形に応じ，その内部をほぼ埋めつくすことから，この名称が用いられたといわれている（章末の PAUSE を参照）．

1.2.3　第 4 の状態としてのプラズマ

a.　物質の第 4 の状態

よく知られているように，氷を加熱すると水になり，さらに加熱すると水蒸気になる．一般に，固体にエネルギーを与えると，順次，液体，気体になる．さらに加熱や放電によりエネルギーを与えると，気体はプラズマになる．このためプラズマは，**物質の第 4 の状態**（the fourth state of matter）ともよばれる．

物質の第 4 の状態であるプラズマは，物理的にも，また化学的にも，他の物質状態にはみられない，さまざまな性質を示す．例えば，1990 年，ヘリウム中における炭素電極間の放電で生じた煤（すす）の中から，図 1.5 に示す結晶構

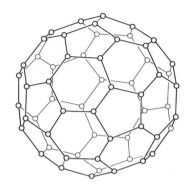

図 1.5　新しい形の炭素分子

造の新しい炭素分子が発見された．ダイヤモンド，グラファイトに次ぐ第3の炭素同素体が初めてその姿を現したことから，新聞などにもサッカーボール分子として大きく報道された．新分子は，その後発見された仲間とともに**フラーレン**（fullerene）と名付けられたが，このような大きな発見が比較的簡単な装置によってなされたことから，プラズマの特異性が改めて認識されている．

b. 宇宙を埋めつくすプラズマ

　大気圧の空気は電気的に絶縁性能のよい物質であり，多少の電界では放電は起こらない．したがって地表面では，プラズマは天然にはほとんど存在しない．雷放電によるプラズマは持続時間が短いので，年平均での存在確率はきわめて低い．

　ところが，地上 100 km 程度以上になると状況は一変し，ほとんどの物質はプラズマ状態である．例えば，電波を反射することで古くから知られている電離層や，極地の上空で神秘的な光を放つオーロラは，プラズマである．さらに，われわれに光と熱を与えてくれる太陽は大きな高温プラズマの塊であり，その内部では核融合反応（第9章参照）によって膨大なエネルギーがつくり出されている．太陽は，光や熱ばかりでなく多量のプラズマを周囲の空間に放出している．これを**太陽風**とよぶ．太陽風プラズマが広がる広大な空間内に，地球などの惑星が点在している．

　さらに遠方の恒星（太陽のように自分のエネルギーで輝く星）や星間物質もプラズマ状態であり，宇宙全体では物質の 99% 以上がプラズマ状態であると考

えられている．Langmuir は，発光領域が放電管の内部をほぼ埋めつくすことからプラズマと命名したといわれているが，実は，プラズマは宇宙をほぼ埋めつくしていたのである．

1.3 高電圧プラズマ工学の特徴

高電圧プラズマ工学が関係する分野は，第9章にみられるようにきわめて広く，しかも電力の供給や照明などのように，社会的に必要不可欠なものが多い．また，絶縁設計が適切でないと，電気を用いるすべての装置や機器が所定通りに動作しなくなってしまう．このように，高電圧プラズマ工学は社会的にきわめて重要であるばかりでなく，新物質フラーレンの発見にもみられるように，さまざまな可能性を秘めた，発展性のある分野でもある．その二，三の例を次に述べる．

a. プラズマディスプレイ

気体放電を利用した画像表示装置がプラズマディスプレイであり，最近，この方式による大型平板状テレビ（壁かけテレビ）の本格的な生産が開始された．プラズマ方式にはテレビ画面を飛躍的に大型化できる可能性があり，製造各社ではその実現に凌ぎを削っている．

b. 制御熱核融合反応炉の開発

高電圧プラズマ工学関係の技術を活用すると，超高温，超高エネルギーなどのいわゆる極限状態を実現できる．そして，それらの応用により，従来のレベルを越えた新しい研究や産業を発展させることができる．その1つが，核融合反応炉の開発である．これは，小型の太陽（超高温のプラズマの塊）を安全に制御した状態でつくり，それから放出されるエネルギーを利用しようというものである．成功の暁には，人類は，無限ともいうべき期間にわたり，海水中に含まれる重水素などをエネルギー源として利用することができる．近い将来，必ず訪れるエネルギー資源欠乏に備え，この研究を進めておかなければならない．

ギリシャ神話では，プロメテウスという神が太陽の火を天界から持ち帰り，人類を暗黒の世界から救ったとされている．制御熱核融合反応炉の実現は，まさに火の入手に匹敵するものであり，高電圧プラズマ工学によって，新しい時

代が拓かれるといっても過言ではないであろう．

c． 加速器

加速器とは，荷電粒子を高エネルギーに加速する装置である．現在，宇宙誕生（ビッグバン）直後の瞬間を再現する史上最大の陽子加速器の建設計画が，ヨーロッパ連合，日本，米国などの協力のもとに進められている．

一方，加速器の応用に関する研究も進展し，近い将来，この分野に関する事業は，ハイテク産業の重要な地位を占めるものと考えられている．その理由は，(1) 加速器から放射されるシンクロトロン放射光（第9章参照）が，物質構造の解明，半導体デバイスの超微細加工，医療診断などにきわめて有用であり，最先端の研究や技術の推進に必要である，(2) イオン加速器は優れた癌（がん）の治療装置として期待されている，などである．この分野でも，装置の小型化，高出力化などのために，高電圧プラズマ工学は不可欠である．

d． 宇宙への発展

衛星放送の日常化や宇宙ステーションでの長期間の生活にもみられるように，人類の活動範囲は宇宙空間へと広がりつつある．この分野でも，高電圧プラズマ工学は必要とされる．それは次の理由による．(1) 宇宙空間はプラズマの世界である．(2) 宇宙空間航行用にはプラズマを利用したロケットエンジンが適している．(3) 宇宙空間では特異な高電圧現象が発生する．例えば，次のような現象が経験されている．衛星は周囲のプラズマに対して負に帯電しているが（その理由は第5章で説明する），絶縁物が強い太陽照射を受けると，電子を放出して正に帯電する（図1.6）．このため，日陰側との間に電位差が生じ，場

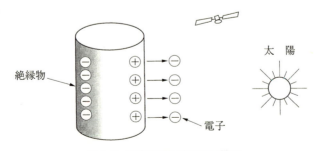

図 1.6 宇宙空間の絶縁物の帯電

合によっては絶縁破壊が起こり，搭載機器の故障を誘発する．また，高エネルギーの電子が人工衛星内部に侵入し，ケーブルなどの絶縁物中に蓄積して高電界をつくり，場合によっては絶縁破壊が生ずる．

> **・POINT・**
> 1. 絶縁物が電圧の印加によって導体として作用するようになる現象を絶縁破壊といい，電極間全長にわたって絶縁破壊が生ずることを全路破壊という．
> 2. 全路破壊にいたる様相は，電極の形状などによって，さまざまに変化する．これらの現象を総称して，高電圧現象または高電界現象という．
> 3. 気体の絶縁破壊によってプラズマができる．プラズマとは，正と負の荷電粒子群を含み，かつ，全体として電気的にほぼ中性の粒子の集団のことである．プラズマは，物質の第4の状態ともよばれ，他の物質状態にはみられない特異な性質を有する．
> 4. 高電圧プラズマ工学とは，高電圧現象とプラズマの特性を調べ，それをいかに社会に役立てるかを研究する学問である．
> 5. 高電圧プラズマ工学は，現在の社会ばかりでなく，人類の将来にとってもきわめて重要である．

演 習 問 題

1.1 大気中に設けられた平行平板電極間（平等電界ギャップ）および針電極と平板電極間における高電圧現象の違いについて述べよ．
1.2 プラズマは電気的にほぼ中性に保たれるが，その原因は何か．
1.3 プラズマが物質の第4の状態とよばれる理由を述べよ．

・PAUSE・

plasma の名称について

英語の plasma は，to mold または a thing formed or molded を意味するギリシャ語 $\pi\lambda\acute{\alpha}\sigma\mu\alpha$ に由来しているが，なぜ Langmuir が低気圧放電の発光領域を plasma と名付けたかは定かでない．彼の論文の中には何も説明がないのである．しかし，気体放電研究の大家で，年代的にも Langmuir に近い米国の S.C. Brown は，その著書の中で，"発光領域が放電管の形に応じ，その内部をほぼ埋めつくすことから，この名称が用いられた"と述べている．米国の書物では，この説に従っているものが多いようである．

「どうも Brown が正しいようだ」と，冗談まじりに，ある核融合研究者がぼやいた．彼によれば，「強力な磁界で放電管の中心にプラズマを閉じ込めようとしても，プラズマは自分の名前の面子（めんつ）にかけて放電管一杯に広がってしまう．プラズマが別の意味だったら，核融合の研究はとっくの昔に成功しているはずだ」というのである．そして，「現在では，高温プラズマだけを放電管の中心部に閉じ込め，低温プラズマを管壁近くにおいて，プラズマの面子をたてている」とのことである．

ところで，地中海沿岸やメソポタミアの各地には，"神が，自身の血で，あるいは自身の血と川の水で土をこねて人形を形造り，これに魂を吹き込んで人間をつくった"という神話がある．これにもとづくものと考えられるが，$\pi\lambda\acute{\alpha}\sigma\mu\alpha$ は，教会用語として，"神によって形造られたもの"という意味に使われた．このためか，plasma（英語としては最初 plasm の形で用いられた）ということばは，生命，神秘的なもの，霊魂などに関連して用いられている．

例えば，生物学では，細胞の中の生命活動を営む部分を plasma とよんでいる．そして，最初に形造られたものという意味を有するため，日本では原形質と訳している．医学の分野では，plasma は血しょう（血液の液状成分）を指している．また，心霊術では，霊媒から発するという霊波を ecto plasm とよんでいる．映画などでも，死者の復活のような場面には稲妻プラズマが登場することになっている．外国の SF 映画の中に，宇宙船の船員が，「正体不明の，途方もなく大きなエネルギーが接近しています」と報告すると，船長が，「それは plasma energy だ！」と叫ぶ一幕もあった．

2 気体の絶縁破壊とプラズマの生成

本章では，気体の高電圧現象とその発生機構，プラズマの生成法などについて述べる．

2.1 気体の性質

2.1.1 気体の状態方程式

放電管に気体を封入し，管全体をしばらく一定温度に保つと，気体内の温度分布は一様となる．この状態を**熱平衡状態**という．熱平衡状態にある気体では

$$p = nkT \tag{2.1}$$

が成立する．ただし，p は気体の圧力 $[\text{N/m}^2]$，n は気体の分子数密度 $[\text{m}^{-3}]$，T は気体の絶対温度 $[\text{K}]$，k はボルツマン定数で，その値は $k = 1.380 \times 10^{-23}\,\text{J/K}$ である．式 (2.1) を気体の**状態方程式**という．

a. 圧力の単位

国際単位系（International System of Units：SI 単位系）では，圧力の単位としてパスカル（pascal：記号 Pa）が採用されていて

$$1\,\text{Pa} = 1\,\text{N/m}^2 = 10\,\text{dyne/cm}^2$$

である．しかし，現在，大気中の放電では気圧（記号 atm），低圧気体中の放電では Torr（torr とも書く）も広く用いられている．それらの間には次の関係がある．

$$1\,\text{atm} = 760\,\text{Torr} = 101\,325\,\text{Pa}$$

b. n の値

気体の絶縁破壊を調べるときに問題になるのは，n の値である．電子やイオンが衝突する相手の気体分子がどのくらいあるかによって，放電の状況が変わってくる．p を Torr，n を m^{-3} で表すと，式 (2.1) は

$$n = 9.66 \times 10^{24} p/T \tag{2.2}$$

となる（演習問題 2.1 参照）．実験条件を示すには，n の値がわかるように，圧力と，それが測られたときの温度を明らかにしなければならない．しかし，まちまちの温度での値では取扱いが不便なため，封入圧力の表示には，特定の温度，例えば 0°C や 20°C，に換算した値がよく用いられる（演習問題 2.2 参照）．0°C に換算した圧力を p_0 [Torr] とすれば，すなわち 0°C (273 K) で p_0 [Torr] の気体を封入したとすれば，そのときの n [m^{-3}] は次式で与えられる．

$$n = 3.54 \times 10^{22} p_0 \tag{2.3}$$

この式から，$p_0 = 1$ Torr という低圧でも，n がきわめて大きいことがわかる．

2.1.2 気体分子の熱運動

放電管に封入されたきわめて多数の気体分子は，熱運動を行いながら管壁に衝突して力を及ぼす．その単位面積当りの値が気体の圧力である．気体分子の質量と速度をそれぞれ m [kg]，v [m/s] とし，気体の圧力を p [N/m^2] とすると

$$p = \frac{1}{3} mn \langle v^2 \rangle \tag{2.4}$$

が成立する．ただし，$\langle v^2 \rangle$ は各気体分子の速度の 2 乗の平均値である．式 (2.1) と式 (2.4) から（この 2 つの式の導出は高校の教科書や参考書に説明されている）

$$\frac{1}{2} m \langle v^2 \rangle = \frac{3}{2} kT \tag{2.5}$$

が得られる．この式を満足する速度を分子の**熱速度**または**実効速度**という．熱速度を記号 v_t で表すと，式 (2.5) は

$$v_t = \sqrt{\frac{3kT}{m}} \tag{2.6}$$

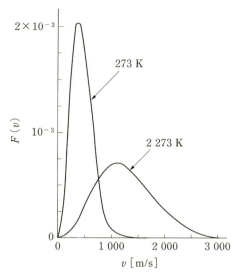

図 2.1　速度分布の温度による変化

と書ける．この式により $T = 273\,\mathrm{K}$ の窒素ガス中の気体分子 ($m = 4.65 \times 10^{-26}\,\mathrm{kg}$) の v_t を求めると，$493\,\mathrm{m/s}$ が得られる．

〔補足〕**マクスウェル分布**

　気体中の分子は，さまざまな速度で熱運動を行っている．速いものもあれば遅いものもある．n 個の分子のうち，速度の大きさが v と $v+dv$ との間にある分子数を dn とすれば，dn は dv に比例すると考えられるから，$dn/n = F(v)\cdot dv$ と書くことができる．$F(v)$ を速度分布関数という．熱平衡状態では

$$F(v) = 4\pi \left(\frac{m}{2\pi kT}\right)^{3/2} v^2 \exp\left(-\frac{mv^2}{2kT}\right) \tag{2.7}$$

となる．これは J.C.Maxwell によって理論的に導かれたものであり，この式で与えられる分布を**マクスウェル分布**という．電磁気学におけるマクスウェルの方程式も彼によって導かれている．式 (2.7) の計算例を図 2.1 に示す．気体は窒素である．この図からわかるように，温度が高くなると，高速の分子の割合が非常に多くなる．なお，気体分子と電子が混在して衝突が頻繁に行われると，電子もマクスウェル分布となる．電界が加えられて電子の温度が上がると，高速電子が増え，電離が盛んに行われるようになる．

2.2 気体中における荷電粒子の運動

　気体の絶縁破壊の説明に入る前に，準備として，絶縁破壊に影響の大きい電子の運動を中心に，二，三の基礎的事項を説明しよう．ここで得られる知識は，プラズマ現象を理解するうえでも有用である．

2.2.1 平均自由行程

a. 電子の平均自由行程

　図 2.2 (a) に示すように，半径 r_1 の球形の粒子 I が，半径 r_2 の粒子 II と衝突する場合を考える．この図からわかるように，両球の中心間の距離が r_1+r_2 以内に入れば，衝突する．したがって，衝突するかどうかは，同図 (b) のように，半径 r_1+r_2 の仮想的な球と点 B で調べることができる．$\sigma_1 = \pi(r_1 + r_2)^2$ を両粒子間の**衝突断面積**（collision cross section）という．

　以上のことを念頭において，図 2.3 に示すように，多数の気体分子（粒子 II に相当）が存在する空間内を，電子（粒子 I に相当）が速度 v_e で運動するとき，単位時間当り何回衝突するかを調べてみよう．ただし，問題を簡単にするため，電子も気体分子も剛体球とみなす．また，それぞれの半径を r_e, r_n とする．この場合の両者間の衝突断面積 σ_e は，$\sigma_e = \pi(r_e + r_n)^2$ である．

　半径 r_e+r_n の仮想的な球が速度 v_e で運動するとき，仮想球が通過する空間の容積は，衝突による通路の折れ曲りに関係なく $\sigma_e v_e$ である．衝突回数 ν_e

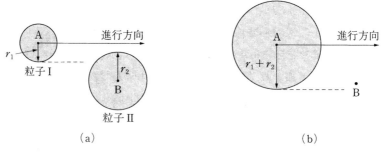

図 2.2　粒子の衝突

は，この体積内に存在する気体分子を表す点の数に等しいから，

$$\nu_e = \sigma_e v_e n_n \tag{2.8}$$

で与えられる．ただし，n_n は気体分子の数密度である．ν_e を**衝突頻度**または**衝突周波数**（collision frequency）とよぶ．

電子が相つぐ衝突間に走る距離を自由行程というが，図 2.3 のように，自由行程には長いものもあれば短いものもある．その平均を電子の**平均自由行程**（mean free path）といい λ_e で表すと，式 (2.8) から次式が得られる．

$$\lambda_e = \frac{v_e}{\nu_e} = \frac{1}{\sigma_e n_n} \tag{2.9}$$

b. 平均自由行程の概略値

現在，工業面で用いられているプラズマの多くは弱電離プラズマとよばれるもので，電離した気体分子は全体の千分の 1 以下である．まして絶縁破壊の過程では，電離の度合はこれよりもさらに低い．したがって，放電管から不純物の放出などがなければ，n_n としては気体封入時の n の値を用いればよい．つまり式 (2.9) の n_n は式 (2.3) で与えられる．

σ_e の値は気体の種類や電子の速度によって変わるが，弱電離プラズマについて調べた結果によると，おおよそ $10^{-15}\,\mathrm{cm}^2$ である[1]．$\sigma_e = 10^{-15}\mathrm{cm}^2$ と式 (2.3) を式 (2.9) に代入して p_0 [Torr] での λ_e [cm] を求めると，$3 \times 10^{-2}/p_0$ が得られる．したがって，

$$\lambda_e \simeq 10^{-2}/p_0 \tag{2.10}$$

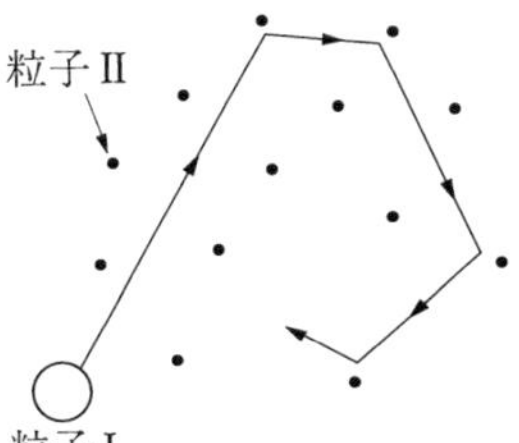

図 2.3　粒子 I の軌跡

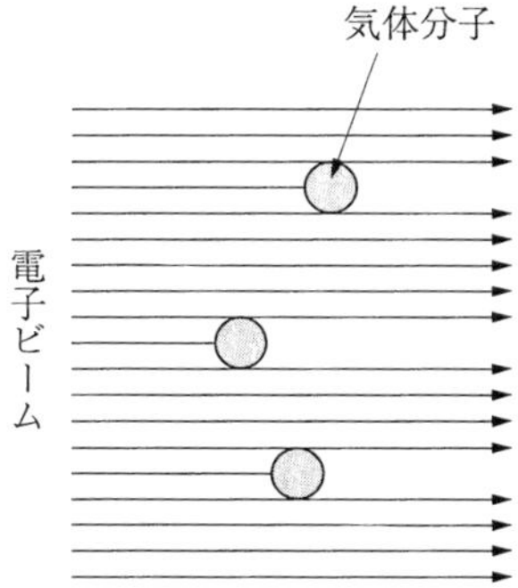

図 2.4　σ_e の測定法の原理

である．ここで記号 $\simeq$ は，おおよそ等しいことを示す．

c. σ_e の測定法の原理

速度が揃った電子ビームを分子の数がわかっている気体中に入射させ，透過の前後における電子ビームの量を比較すると，σ_e が求められる（図 2.4 参照）．また，入射電子ビームの速度を変えて測定することにより，電子の速度と σ_e の関係が求められる．なお，一度衝突してビームからそれた電子が他の気体分子と衝突して電子ビームの方向に戻ると，誤差になる．このため，測定は少数の気体分子について行われる．

2.2.2 電子のドリフト

a. ドリフト速度

わずかに電離している気体に，外部から直流電界 E が加えられたとする．電子は電界から力を受け，気体分子と衝突して不規則な熱運動を行いながら，全体として電界と反対の方向に移動する（図 2.5 参照）．この移動運動を**ドリフト**（drift）という．また，空間内の微小体積に着目し，その中に含まれる多数の電子の平均移動速度を，着目した場所における電子群の**ドリフト速度**または**流速**という．

次に，電子群が静止した気体中を電界と反対方向にドリフト速度 u_e で運動するときに受ける力を求めてみよう．力を知るには，衝突による単位時間当りの運動量の変化を求めればよい．

まず，1 個の電子が速度 u_e で気体分子と正面衝突する場合を考える．気体分子の質量は電子に比べてきわめて大きいので，電子が衝突してもほとんど動かない．このため，電子は，壁に衝突したときと同じように速度 u_e で反射する．したがって電子の運動量の変化は $2m_e u_e$ である．一方，電子が気体分子の端をかすめて通る場合の運動量の変化はゼロである．したがって，各電子の運動量は，衝突ごとに平均して $m_e u_e$ だけ変化する．電子の衝突頻度を ν_e とすると，各電子の単位時間当りの運動量の変化は $m_e u_e \nu_e$ である．したがって，電子群の数密度を n_e とすると，衝突により電子群に働く単位体積当りの力 f_e は $m_e n_e \nu_e u_e$ である．力の方向も考慮に入れると

$$\boldsymbol{f}_e = -m_e n_e \nu_e \boldsymbol{u}_e \tag{2.11}$$

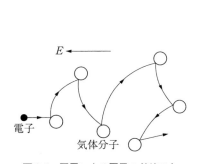
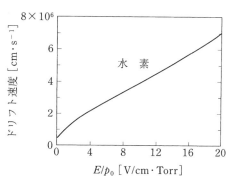

図2.5　電界による電子のドリフト　　図2.6　電子のドリフト速度
(N.E. Bradbury, R.A. Nielsen:
Phys. Rev. **49** (1936) 388)

と書くことができる．この式は第4章で用いる．

電子群を電界 E で駆動すると，定常状態では，駆動力 $n_e eE$ と運動を妨げようとする力 f_e とは平衡し

$$eE = m_e \nu_e u_e \tag{2.12}$$

が成立する．ただし，e は電子の電荷である．電子の熱速度を v_e とすると，$\nu_e = v_e/\lambda_e$ であるから，式 (2.12) により次式が得られる．

$$u_e = \frac{eE}{m_e \nu_e} = \frac{e\lambda_e E}{m_e v_e} \tag{2.13}$$

b．相似則

u_e の実際の値を知るには，陰極と陽極間に気体を封入し，陰極から電子群を入射させて，それが陽極に到達する時間を測ればよい．実測された u_e と E との関係は，封入気圧 p_0 をパラメータとする何本もの曲線となるが，E の代りに E/p_0 を用いると，図2.6に示すように，気体の種類によって決まる1本の曲線となる．次にその理由について考える．

式 (2.13) の $e\lambda_e E$ は，電子が電界方向に λ_e だけ移動するとき，電子が電界から得るエネルギーに等しい．そして式 (2.10) により

$$\lambda_e E \propto E/p_0 \tag{2.14}$$

である．したがって，E や p_0 をどのように変えて実験しようとも，E/p_0 が同

じならば，電子に注入されるエネルギーは不変であり，電子の熱速度 v_e も変わらない．このため，式 (2.13) の u_e は E/p_0 によって一義的に決まるのである．なお，以上の考察では，簡単のため式 (2.10) の概略値を用いて式 (2.14) を導いたが，実は，電子の熱速度が変わらなければ σ_e も変わらないので，式 (2.9)により $\lambda_e \propto 1/n_n \propto 1/p_0$ である．したがって式 (2.14) は厳密に成立する．

一般に，気体中における荷電粒子の運動が関係する特性曲線は，気圧に応じて座標軸を伸縮すると 1 本にまとまることが多い．これを**相似則** (law of similarity) という．後でもみられるように，この法則の適用により実験結果を簡潔にまとめることができる．

なお，実測によるとイオンのドリフト速度は電子のそれよりきわめて小さい．したがって，電離した気体中を流れる電流は，主として電子によって運ばれる．

2.3 気体の絶縁破壊の前駆現象

第 1 章で述べたように，平行平板電極間の気体に電圧を加え，次第に上昇させると，ある値で突然全路破壊が起こり，発光する．それ以前には肉眼で光を見ることはできないが，微弱な電流が流れている．これを**暗流** (dark current) という．J.S.Townsend（タウンゼント）は，暗流の特性を調べ，その結果をもとに絶縁破壊の発生条件などの理論式を導き，絶縁破壊理論の基礎を築いた．以下では Townsend 以前に行われた E. Rutherford らの気体の電離に関する研究について簡単に触れ，次いで Townsend の研究を説明する．

2.3.1 Rutherford らの研究

Rutherford（後にケンブリッジ大学教授）は，1895 年，Townsend（後にオックスフォード大学教授）とともにケンブリッジ大学キャベンディシュ研究所に Research Students として入学し，指導教授の J.J. Thomson（1897 年電子を発見，1906 年気体の電気伝導に関する研究によりノーベル賞受賞）のすすめにより，気体の電離に及ぼす X 線照射の効果を調べた．彼は精力的に実験を行って多くの成果を得たが，その中の次の事柄は，後述のように，Townsendの研究に役立っている．(1) 気体を X 線で照射すると，自然に存在するよりも

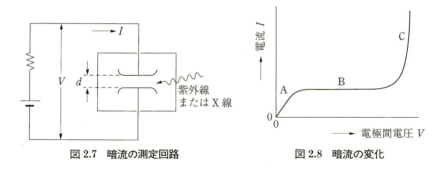

図 2.7　暗流の測定回路　　　　図 2.8　暗流の変化

はるかに多くの荷電粒子がつくられるため，暗流が増加して測定が容易になる．しかも実験データが天候に左右されない．(2) 図 2.7 に示す平行平板電極間の気体を X 線で一様に照射した状態で電圧 V を上昇させると，回路に流れる電流（暗流）I は，図 2.8 の B に示すように飽和する．その状態では，電流は**ギャップ長**（電極間の距離）d に比例して増加する．(2) の現象を，Thomson と Rutherford は次のように説明した．飽和したときの電流の値は，X 線の照射により，電極間で毎秒発生する電子の電荷に等しい．このため，d に比例して電流が増える．

なお，Thomson や Rutherford の研究結果ではないが，X 線照射のない大気あるいは液体や固体の絶縁物でも，高電圧を加えると図 2.8 に類似の特性を示す．大気中では，宇宙線や地中に含まれる放射性物質からの放射線などにより，毎秒 10 個/cm^3 程度の電子が発生している．

2.3.2　Townsend の研究

a.　暗流の急激な増加

一方，Townsend は入学後電子の電荷の測定に着手し，1898 年に世界で初めてそれに成功し，5×10^{-10} esu の値を得た（彼は，電子を核として凝結させた水滴の落下速度から電子の電荷を求めている）．この年に Rutherford がカナダの McGill 大学に教授として転出し，Townsend は気体の電気伝導の研究に着手した（当時の彼らの写真を章末に示す）．

それまでの実験の多くが大気中で行われていたのに対し，Townsend は 1 Torr

前後の空気で実験を行った[2]．1 Torr, $d = 1$ cm での空気の絶縁破壊電圧は約 400 V であるから，大気中で行うよりもはるかに低い電圧で絶縁破壊前の暗流を調べることができる．換言すれば，p_0 を小さくすると，低い電圧で E/p_0 の大きな場合の暗流を調べることができる．なお，d をきわめて小さくすれば高電界が得られるが，E をきわめて大きくすると，電極表面の微小突起から電子や金属蒸気が放出される．このため，暗流に及ぼす電極表面の影響が大きくなる．

Townsend は，Rutherford と同様に X 線照射の手法を用いて図 2.7 の回路で暗流を調べ，次のような結果を得た．(1) 電極間の電圧を上げると電流は図 2.8 の C に示すように急激に増加する．(2) 図 2.8 の B の領域では電流がギャップ長 d に比例して増えるのに対し，C の領域ではそれよりもはるかに急激に増加する．

この 2 つの結果は，C の領域では，X 線照射でつくられた荷電粒子が電極に到達するまでに，多数回の電離を行うことを示している．Townsend は電離の原因として，当時 Thomson によって発見されたばかりの電子（Townsend は論文の中で negative ion とよんでいる）の作用を考えた．すなわち，電子は質量が小さいので電界で容易に加速され，気体分子と衝突して次々と電離を起こすと考えたのである．そして，観測された電流の急激な増加を見事に説明した．

b. 電子の衝突電離作用（α 作用）

以下では，Townsend の研究を，その後採用された陰極面の紫外線照射の場合について説明する．陰極面を紫外線で照射すると，そこから電子が放出されるので（この電子を**光電子**という），陽極に流入する電子流を計れば，電子が陽極に到達するまでにどれだけ増殖したかがわかる．

さて，図 2.7 に示す平行平板電極の陰極面を外部から一定強度の紫外線で照射しつつ，ギャップ長 d と電流 I との関係を調べると，図 2.9 のような結果が得られる．ただし，電流が急激に増加するため，$\ln I$ で示してある．$\ln$ は自然対数を表す．また気圧 p_0，電界 $E = V/d$ は一定とする．

この図で注目すべき点は，PQ の部分では，きれいな直線になることである．Townsend は，この現象を次のように説明した．1 個の電子が単位長だけ電界

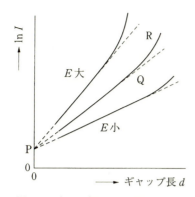

図 2.9 ギャップ長による電流の変化

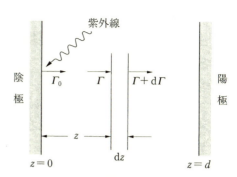

図 2.10 衝突電離による電子の増殖

方向に移動する間に，気体分子との衝突により α 対の電子と正イオンが発生するとする．また，電極間の任意の位置 z において z 方向に垂直な面を考え（図 2.10），この面を単位面積当り毎秒通過する電子数を Γ とすれば，Γ 個の電子が微小距離 dz だけ移動する間に増加する電子数 $d\Gamma$ は

$$d\Gamma = \alpha \Gamma dz \tag{2.15}$$

で与えられる．電極間の荷電粒子による電界が外部から加えた電界 $E = V/d$ に比べて無視できる場合には，α は電極間で一定とみなせる．α が一定のもとに式 (2.15) を積分すると

$$\Gamma = \Gamma_0 \exp(\alpha z) \tag{2.16}$$

が得られる．ただし，Γ_0 は紫外線の照射により，$z = 0$ すなわち陰極面から，単位面積当り毎秒放出される光電子数である．式 (2.16) のように，$\exp(\alpha z)$ の形で増殖する電子の集団を**電子なだれ** (electron avalanche) という．陽極に流入する電子電流密度（単位面積当りの電流）を j とすると，式 (2.16) により

$$j = j_0 \exp(\alpha d) \tag{2.17}$$

と書くことができる．ただし，$j_0 = e\Gamma_0$ である．式 (2.17) に電極面積 S をかけて $I = Sj$，$I_0 = Sj_0$ とおくと，$I = I_0 \exp(\alpha d)$ となる．したがって

$$\ln I = \ln I_0 + \alpha d \tag{2.18}$$

が成立する．この式は，図 2.9 の PQ の部分を説明するとともに，α が直線の傾斜から求められることを示している．いままで報告された α の値は，ほとんどこの方法で測定されている．α を**電子の衝突電離係数**といい，電子の衝突電離作用を **α 作用**という．

[**α/p_0 と E/p_0 との関係**]

図 2.9 からわかるように，電離係数 α（直線の傾斜）は電界 E によって変わる．また気圧 p_0 が変われば電流の値が変わり，直線の傾斜すなわち α も変わる．この関係についても，Townsend は次の事実を見出した．それは，α と E との関係は p_0 をパラメータとする何本もの曲線となるが，α/p_0 と E/p_0 との関係は図 2.11 に示すように気体の種類によって決まる 1 本の曲線となるということである．つまり，衝突電離に関しても相似則が成立する．

$1/p_0 \propto \lambda_e$ により，$\alpha/p_0 \propto \alpha\lambda_e =$（1個の電子が電界方向に λ_e だけ移動し，気体分子と衝突するときの電離の確率）である．この確率は，衝突するときに電子がもっているエネルギー $e\lambda_e E \propto E/p_0$ に依存する．したがって α/p_0 は E/p_0 によって一義的に決まることになる．

さらに Townsend は，α/p_0 と E/p_0 との関係は次式で表せることを示した．

$$\frac{\alpha}{p_0} = A \exp\left(-B\frac{p_0}{E}\right) \tag{2.19}$$

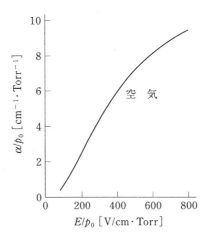

図 2.11　α/p_0 と E/p_0 の関係

ただし，A, B は気体によって決まる定数である．

なお，α/p_0 はその後多くの人々によって詳しく調べられ，式 (2.19) の適用範囲は $E/p_0 =$ 約 $100 \sim 600 \, \text{V/cm·Torr}$ であることが明らかにされ，これ以外の範囲に対しては式 (2.19) と異なる実験式が導かれている[3]．また現在では，E/p_0 または E/n を**換算電界** (reduced electric field) とよんでいる．$E = 1 \, \text{V/cm}$, $p_0 = 1 \, \text{Torr}$ のとき，$E/n = 2.82 \times 10^{-17} \, \text{V·cm}^2 = 2.82 \, \text{Td}$ である．ここに Td は換算電界の単位で，タウンゼントと読む．

c. イオンの 2 次電子放出作用（γ 作用）

以上では，図 2.9 の PQ の部分について述べたが，電界 E が大きくなると，QR のように直線からのずれが大きくなる．これは，α 作用のほかに別の電子増殖作用があることを意味する．Townsend は最初 β 作用を考え (1903 年)，後になって γ 作用も提案している (1915 年)[4]．ここに **β 作用** とは，正イオンによる衝突電離作用のことであり，**γ 作用** とは，正イオンが陰極に衝突して 2 次電子（電子やイオンの入射により固体表面から放出される電子を 2 次電子という）を放出させる作用のことである．

Townsend 以後の研究により，放電開始の状態ではイオン温度は低く，β 作用の効果は γ 作用よりかなり小さいことが明らかにされている．したがって，次に α 作用と γ 作用だけがある場合の電流密度 j について考える．

定常状態において，図 2.12 に示すように，陰極から単位面積当り毎秒 Γ_0 個の光電子と Γ_S 個の 2 次電子（γ 作用による）が放出されているとする．これ

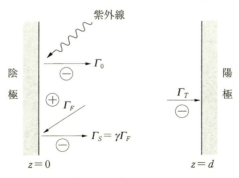

図 2.12 α 作用と γ 作用による電子の増殖

らの電子は，陽極に到達するまでに，式 (2.17) のように $\exp(\alpha d)$ 倍に増殖する．したがって，陽極に流入する電子流密度（単位面積当り毎秒流入する電子数）Γ_T は，次式で与えられる．

$$\Gamma_T = (\Gamma_0 + \Gamma_S)\exp(\alpha d) \tag{2.20}$$

α 作用により発生するイオンはすべて 1 価の正イオンとし，かつ正イオンはすべて陰極に流入するとすれば，陰極における正イオン流密度 Γ_F は次式で与えられる．

$$\Gamma_F = \Gamma_T - (\Gamma_0 + \Gamma_S) \tag{2.21}$$

1 個の正イオンが陰極に衝突したときに放出される平均 2 次電子数を γ とすれば

$$\Gamma_S = \gamma \Gamma_F \tag{2.22}$$

である．式 (2.21) と式 (2.22) から

$$\Gamma_S = \frac{\gamma}{1+\gamma}(\Gamma_T - \Gamma_0) \tag{2.23}$$

が得られ，これを式 (2.20) に代入して陽極における電流密度 $j = e\Gamma_T$ を求めると，次式が得られる．

$$j = j_0 \frac{\exp(\alpha d)}{1 - \gamma\{\exp(\alpha d) - 1\}} \tag{2.24}$$

なお，宇宙線などにより，電極間の気体中で単位体積当り毎秒 G 対の正イオンと電子が発生する場合には，j は次式で与えられる．

$$j = \frac{eG\{\exp(\alpha d) - 1\}}{\alpha} \cdot \frac{(1+\gamma)}{1 - \gamma\{\exp(\alpha d) - 1\}} \tag{2.25}$$

2.4 α 作用と γ 作用による全路破壊

2.4.1 火花電圧

式 (2.24)，(2.25) において

$$\gamma\{\exp(\alpha d) - 1\} = 1 \tag{2.26}$$

の場合には，j は式の上では無限大となる．これは全路破壊に相当する．大きい電流の放電開始により気体は発光するので，式 (2.26) を，**放電開始条件**または Townsend の**火花条件** (sparking criterion) とよぶ．第 1 章で述べたように，全路破壊が生ずる電極間電圧を破壊電圧もしくはフラッシオーバ電圧という．ただし，気体の場合には，発光がよく認められるので，古くから**火花電圧** (sparking voltage) とよばれたり，絶縁破壊以後の放電の状態を利用することが多いので，**放電開始電圧**ともよばれている．

さて，火花電圧 V_S は，式 (2.19) と式 (2.26) から求められる．式 (2.19) に $E = V_S/d$ を代入して対数をとると

$$\ln \alpha - \ln p_0 = \ln A - B(p_0 d/V_S) \tag{2.27}$$

が得られる．一方，式 (2.26) は $\exp(\alpha d) = 1 + (1/\gamma)$ と書くことができるが，これの対数をとると

$$\alpha d = \ln\{1 + (1/\gamma)\} \tag{2.28}$$

となり，さらに対数をとると

$$\ln \alpha + \ln d = \ln \ln\{1 + (1/\gamma)\} \tag{2.29}$$

となる．式 (2.27) と (2.29) とから $\ln \alpha$ を消去して V_S を求めると

$$V_S = B \frac{p_0 d}{K_0 + \ln(p_0 d)} \tag{2.30}$$

が得られる．ただし，K_0 は次式で与えられる．

$$K_0 = \ln A - \ln \ln\{1 + (1/\gamma)\} \tag{2.31}$$

式 (2.31) の右辺の第 2 項は 2 重の対数となっており，しかも γ はイオンのエネルギーによってあまり変化しないので，この項を定数とみなすことができる．したがって V_S は $p_0 d$ の関数となる．この事実は最初，F. Paschen によって実験的に明らかにされた（1889 年；当時 Paschen は大学生であった．水素のスペクトル線にも彼の名が見られる）ので，**パッシェンの法則** (Paschen's law) とよばれている．この法則は相似則の一種であり，$p_0 d$ は d/λ_e に比例する．以上のように，Townsend の研究により絶縁破壊の機構が次第に明らかになり，

パッシェンの法則も理論的に裏付けられた．これらの業績により，Townsend は，絶縁破壊理論の創始者として広く認められている．

V_S と p_0d との関係の実測例を図 2.13 に示す．この曲線を**パッシェン曲線**という．p_0d ($\propto d/\lambda_e$) が小さい領域で V_S が上昇するが，これは，電子が気体分子と衝突する機会が少なく，電子なだれが成長しにくいためである．式 (2.30) は，実測された特性をよく記述しており，最小火花電圧の理論式などもこの式から導くことができる．

ただし，式 (2.30) の導出ではいくつかの仮定がなされているので，式の適用範囲はそれによって制限される．例えば，陰極から出発した電子は，陽極に到達するまでに何回も衝突電離を行うことが仮定されているので，$\lambda_e \gg d$ すなわち p_0d がきわめて小さい領域には適用できない．式 (2.30) は p_0d が小さくなると V_S が無限大となることを示しているが，実際には別の機構（V_S で加速された荷電粒子と電極の衝突）で絶縁破壊が起こり，V_S が無限大となることはない．気圧が低く $\lambda_e \gg d$ のギャップを真空ギャップというが，このギャップでは，V_S は d とともに増大し，$d = 1\,\mathrm{mm}$ で銅電極の場合約 $70\,\mathrm{kV}$，ステンレス電極の場合約 $170\,\mathrm{kV}$ となる．ただし，電極が気体を吸蔵していると V_S は低下する．

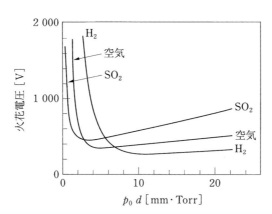

図 2.13　平行平板電極間の火花電圧

2.4.2 準安定原子による電離

　Townsend が気体電離に関する論文を発表したのは 1900 年代の初めであるが，それ以後，原子物理学，分光学などが目ざましい進歩をとげ，それに伴い，気体の絶縁破壊に関してもさまざまな事実が明らかにされた．例えば，γ 作用には，Townsend が当初考えた正イオンの衝突による電子放出ばかりでなく，(1) 後で述べる準安定原子の衝突による陰極面からの電子放出や，(2) 励起された原子が元の状態に戻るときに放射する光による陰極面からの電子放出，などが含まれていることが明らかにされた．このように，原子または分子が関与した衝突過程や光の吸収・放出過程を総称して，**原子分子過程**（atomic and molecular process）という．紙面の都合により，本章では絶縁破壊に影響の大きい準安定原子による電離と，電子付着による再結合についてだけ説明する．前者は放電開始を促進し，後者は放電開始を抑制する．

a. 励起と電離

　原子は，原子核とその外側を回る核外電子とから構成されている．通常，核外電子は原子核に近い軌道上にある．この状態を**基底状態**（ground state）という．

　基底状態にある原子が，他の粒子との衝突または光の照射により外部からエネルギーを受け取ると，核外電子は，図 2.14 に示すように，基底状態よりも高いエネルギー準位（外側の軌道）に遷移する．この現象を**励起**または**励発**（excitation）といい，励起に必要なエネルギーを**励起エネルギー**という．通常

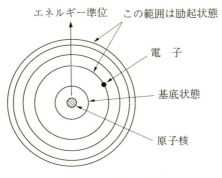

図 2.14　励起状態

[eV] 単位で表すので，**励起電圧**（excitation potential）ともいう．1 eV は，1個の電子が 1 V の電位差によって加速された場合に得るエネルギーに等しく，$1\,\mathrm{eV} = 1.602 \times 10^{-19}\,\mathrm{J}$ である．

原子がさらに大きなエネルギーを外部から受け取ると，核外電子は原子核の束縛を離れて自由電子となり，原子は正イオンとなる．これはすでに学んだ電離である．基底状態の原子を電離するのに必要な最小のエネルギーを，**電離エネルギー**または**電離電圧**（ionization potential）という．

励起には，さまざまなエネルギー準位があるが，その中には寿命の長いものがある．これを**準安定準位**（metastable level）といい，この準位に電子がある状態を**準安定状態**（metastable state）という．また，この状態の原子を**準安定原子**（metastable atom）とよぶ．準安定原子は，励起の際に外部から受け取ったエネルギーを保有したまま空間内にとどまり，他の粒子または電極面と衝突した際にエネルギーを相手に与え，自身は他の準位または基底状態に移る．表 2.1 に準安定電圧（準安定の準位）V_m と電離電圧 V_g の値を示す．一方，準安定状態以外の励起状態は 10^{-8} 秒程度しか持続せず，自発的に，より低い準位あるいは基底状態に戻る．そのとき光を放出する．

表 2.1　原子の電離電圧と準安定電圧

元素	電離電圧 [eV]	主要な準安定電圧 [eV]	
He	24.6	19.8	21.0
Ne	21.6	16.6	16.7
Ar	15.8	11.5	11.7
Kr	14.0	9.8	10.5
Xe	12.1	8.3	9.4
N	14.5	2.4	3.6
O	13.6	2.0	4.2
Na	5.1		
Cs	3.9		
Hg	10.4	4.7	5.5

準安定原子は，保有するエネルギーを他の粒子に与えるため電離を促進し，火花電圧 V_S を低下させる．その例を次に示す．

b. ペニング効果

準安定準位をもつ気体を混合すると，火花電圧 V_S が著しく低下することがある．これを**ペニング効果** (Penning effect) という．Penning は Ne などの不活性気体の実験を行っているとき，不純物の混入で V_S が低下することからこの効果を見出した．例えば，100 Torr の Ne（ネオン）に 0.1％ 程度の圧力の Ar（アルゴン）を混ぜると，$d = 1$ cm の場合，V_S は約 1/4 になる．

V_S の低下の原因は，Ne と電子間および Ar と電子間の衝突による電離のほかに，次のように 2 段階で行われる電離が加わるためであると考えられている．(1) 多数存在する Ne に電子が衝突して $V_m = 16.6$ および 16.7 eV の準安定原子 Ne* がつくられる．(2) この Ne* が Ar（V_g は 15.8 eV）と衝突すると，Ne* が保有するエネルギーは Ar に与えられ，Ar は電離する．一般に，一方の気体の V_m が他方の気体の V_g より少し大きい場合に，2 段階の電離が盛んに起こる．

ペニング効果は，放電の開始を容易にするために広く利用されている．上記の Ne と Ar の混合ガスは，プラズマディスプレイ（第 9 章参照）に用いられている．また，蛍光ランプには Ar と少量の Hg（水銀）が用いられている．発光するのは Hg で，Ar は放電開始を容易にするために封入されている．Ar の $V_m = 11.5$ eV が Hg の $V_g = 10.4$ eV よりわずかに大きいので，電離が盛んに起こり，V_S が低下する．なお，準安定準位をもつ気体の混合は，V_S の低下だけでなく，あとで述べるレーザなどにも利用されている．

2.4.3 電子付着による再結合

正と負の荷電粒子が結合して中性粒子に戻る現象を**再結合** (recombination) という．再結合は，電子と正イオン間の再結合と，負イオンと正イオン間の再結合とに分けられるが，一般に後者の方がはるかに起こりやすい．それは，負イオンの速度が電子よりきわめて遅く，したがって正イオンの近傍に留まって相互に作用する機会が大きいためである．

ところで，ある種の気体では，それを構成する気体分子が自由電子と結びついて負イオンになりやすい．このような気体を**電気的負性気体** (electro-negative gas) という．これに属するものには，不活性気体より最外殻電子が 1 つ少ない

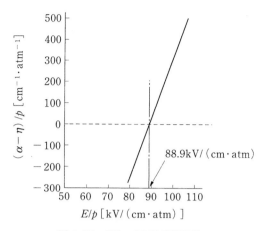

図 2.15　SF_6 の実効電離係数

ハロゲン族（F，Cl，Br，I）やその化合物（例えば SF_6），あるいは酸素，酸素を含む空気，水蒸気，などがある．

気体分子が自由電子と結びついて負イオンとなる現象を**電子付着**（electron attachment）という．電子付着が生じると，速度の大きい電子が速度の小さい負イオンに変換されるため，再結合が盛んに行われる．したがって，電気的負性気体は，絶縁やプラズマの消滅に適している．

その代表例が **SF_6**（六フッ化硫黄）ガスである．SF_6 ガスは，他の気体に比べて絶縁性能がよいばかりでなく，放電プラズマを消滅させる力もきわめて強い．このため，高電圧設備の絶縁や，高電圧大電流の遮断に広く用いられ，変電所などのコンパクト化に大きく貢献している（第 9 章参照）．

電気的負性気体の場合，図 2.9 の直線の傾斜から求められるものは，実は $\alpha - \eta$ である．ただし，η は，電子が電界方向に単位長さだけ移動する間に電子付着で失われる割合である．$\alpha - \eta$ を電子の**実効電離係数**，η を電子の**付着係数**という．図 2.15 に，SF_6 ガスの実効電離係数と E/p の関係を示す．ただし，p は 20°C での圧力である．E/p が小さいときには $\alpha - \eta$ は負であるが，117 V/cm·Torr=88.9 kV/cm·atm 以上になると正になり，しかも急激に増加する．このため，SF_6 ガスでは約 89 kV/cm·atm で絶縁破壊が起こる．

空気の実効電離係数も，E/p が約 31.3 V/cm·Torr=23.8 kV/cm·atm 以下

では負である．このため，1 atm の大気中においては，電界が約 24 kV/cm 以上にならないと電子なだれが成長しない．

なお，Townsend は低圧気体中で実験を行い，E/p_0 が大きい場合を調べている．このとき，図 2.9 の直線の傾斜から α を求めて式 (2.19) を導いているので，空気の場合，この式の α は実効電離係数である．

2.5　インパルス電圧による全路破壊

2.5.1　ストリーマの進展

Townsend の火花条件は，ギャップに加える直流電圧を徐々に上昇させた場合のものである．それでは高電圧をいきなり加えたときには，どのような火花条件で全路破壊が起こるのだろうか？

この問題の研究で大きな成果をあげた一人がドイツの H. Raether である．彼は，C.T.R. Wilson（章末写真）によって開発された霧箱（cloud chamber）を利用して，電子なだれの進展状況の観測に成功した（1937 年）．その実験方法は次のようである．(1) 平行平板電極を有する放電管内に気体を封入し，水とアルコールの蒸気で飽和させておく．(2) 陰極面上の一点に紫外線を瞬間的にあてて光電子を放出させる．(3) それと同期して陽極と陰極間に数万 V の方形波インパルス電圧（図 7.19 参照）を加える．(4) 電圧印加後，放電管内の気体を断熱膨張させる．これにより管内の気温が下がり，電子なだれで生じたイオンを核として霧滴ができる．(5) これに外部から光をあてて写真をとる．この方法で撮影された写真の一例を図 2.16 に示す．ギャップ長は 3.6 cm である．封入ガスを入れ替え，電極間に加えるインパルス電圧のパルス幅を変えて同様の実験を繰り返すと，電子なだれの進展状況がわかる．

その後 Raether は実験を重ね，次のことを見出した．陰極を出発した 1 個の電子は電界方向に距離 z だけ進む間に電子なだれを形成し $\exp(\alpha z)$ 個に増殖するが，αz が約 20 になると，電子なだれはストリーマ（streamer）に転換する．ストリーマは，すぐ後で説明するが，荷電粒子数と進行速度が電子なだれよりもはるかに大きく，これの進展により，ごく短時間内に全路破壊となる[5]．なお，Raether の実験よりも早い時期に，F.G. Dunnington は絶縁破壊に伴う

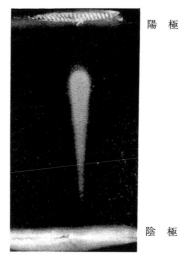

図 2.16　霧箱による像（H. Raether : Naturwiss. 22（1949）73）

発光の高速度写真撮影を行い，フィラメント状の像を得ている[6]．しかし，可視光を放射しない電子なだれは写真に写っていない．

2.5.2　ストリーマ理論

a.　放電開始の機構

　Raether の実験結果は多くの研究者の関心をよび，空間電荷の影響を考慮した新しい放電理論が発展した．この理論を**ストリーマ理論**という．ストリーマ理論の提案者の 1 人である J.M.Meek は，放電開始の機構を次のように説明している．陰極を出発した電子は図 2.17（a）のような電子なだれを形成する．衝突電離で生じた正イオンは，ドリフト速度が小さいので後にとり残される．電子なだれの先端が陽極に達すると，電子はただちに陽極に吸収され，後には同図（b）のような正イオンの円錐形の柱が残る．陽極付近の正イオン密度はきわめて大きいので，電界はその近傍では非常に強まり，点 P，Q で発生した電子（電子なだれから放射された光による電離で生じた電子）を吸引する．この電子は吸引されつつ電子なだれを生じ，その後には高密度の正イオンが残る．このイオンは再び付近に電子なだれをつくり，順次陰極の方へ進展していく．吸引された電子は正イオン柱の中に流入し，導電率の大きいプラズマ状の放電

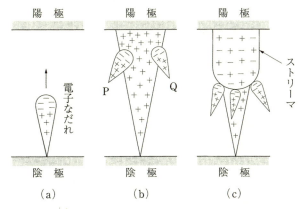

図 2.17 電子なだれからストリーマへの転換

路を形成する．これがストリーマである．ストリーマの先端は同図 (c) のように次々に電子なだれを吸引して陰極へ向かい，ついには電極間はストリーマで橋絡 (bridge-over) される．これにより全路破壊となる．つまり，正イオンによる γ 作用がなくても，空間電荷による高電界と光電離などの作用により，ごく短時間内（実験条件によって異なるが，例えば 10^{-7}s）に全路破壊が起こる．

b. 火花条件

実測によると，電極間に加えられる電圧がさらに高い場合には，電子なだれは陽極に到達する前にストリーマに転換して全路破壊が起こる．したがって，図 2.17 は最も低い電極間電圧で電子なだれがストリーマに転換する場合に相当する．いま，ストリーマが形成されると必ず全路破壊に進展すると仮定し，かつ，Raether の研究結果を参照すると，火花条件は

$$\alpha d = K \tag{2.32}$$

と書ける．ただし，全路破壊が起こるまで，この条件を満足する電圧が持続する必要がある．上式右辺の K は Raether によれば 20 であるが，15 程度がよいという説もある．電気的負性気体の場合には，α として実効電離係数を用いる．式 (2.32) は式 (2.28) に相当し，同じ形をしている．

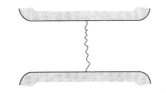

図 2.18 $p_0 d$ が大きい場合の全路破壊

2.6　$p_0 d$ が大きい場合の気体の絶縁破壊

Townsend が最初に研究を行ったのは $p_0 = 1\,\text{Torr}$, $d = 1\,\text{cm}$ 程度であるが，これよりも $p_0 d$ ($\propto d/\lambda_e$) がはるかに大きい場合，例えば，大気中で d が数 cm の場合には，実験的に次の結果が得られている．

〔平等電界ギャップの場合〕

電極の周縁部に丸みをつけるなどの方法により，電極中央の平等電界の領域で放電が生じるようにした平行平板ギャップを，平等電界ギャップとよぶ．このギャップに交流電圧，直流電圧，インパルス電圧を加えた場合には，(1) どの電圧でも，全路破壊時には，図 2.18 に示すようにフィラメント状に発光し，(2) 2.8.1 項で述べるように，印加電圧の種類にかかわらず，火花電圧（波高値）はほぼ等しい．これは，火花条件 $\alpha d = K$ が各種の電圧に適用できることを示している．事実，この式を用いて火花電圧の理論式を求めると，火花電圧の実験式と同形の式が得られる．

なお，フィラメント状の全路破壊は，電圧を加えたとき，陰極の近傍に発生した電子によって引き起こされる．その電子を，**初期電子**（initial electron）または**偶存電子**（casual electron）という．陰極面を紫外線で照射しない場合の初期電子としては，次のものが考えられている．(1) 宇宙線や太陽光などによって大気中に発生する電子，(2) 負イオンから分離される電子．大気中には電子付着によって生じた負イオンが存在し，高電界が加わると電子を分離する，(3) 以上の電子が図 2.17（a）のような電子なだれを形成したとき，これが放射する紫外線によって陰極から放出される電子．

電極面積と d が小さい場合には偶存電子が少ないため，印加電圧を同じ速度

で上昇させても火花電圧が1回ごとにまちまちの値を示すことがある．このとき電極表面を紫外線で照射すると，火花電圧のばらつき（不整）は著しく減少する．

また，電子なだれが成長して全路破壊に至るまでには時間がかかる．このため，立ち上がりが特に速いインパルス電圧の場合には，火花電圧が高くなる（これについては 2.8.2 項で説明する）．

〔不平等電界ギャップの場合〕

この場合には，コロナ放電を経て全路破壊になる．例えば，ギャップ長が数 cm 以上の針対平板電極において，針に正極性の直流電圧を加え，電圧値を上昇させていくと，針の先端から平板に向けて多数の細い光の筋が発生する．これはストリーマである．さらに電圧を上げると，ストリーマよりもずっと太い光条が電極間を橋絡して，全路破壊となる．このときの火花電圧は，針が負極性の場合よりもはるかに低い．その理由は次のように説明できる．正極性の針の近傍で発生した電子が，なだれを生じて針に流入したあとには，図2.17（b）のような正イオン柱が残る．その先端と負の平板電極との間の電界が強くなり，さらにストリーマの進展を促すため火花電圧は低い．一方，針が負極性の場合には，針の近傍に発生した正イオン群が正の平板電極との間の電界を弱めるため，コロナは伸びにくい．なお，大気中でコロナ放電が生ずるとなま臭い匂いがする．これはオゾンの発生によるものである．

2.7　各種の放電

以上，電極と気体が接触している場合の放電開始について述べたが，実際にはこれ以外の方法も広く用いられている．その二，三を次に紹介する．

2.7.1　バリヤ放電

a.　バリヤ放電とは

図 2.19（a），（b）に示すように，一対の電極の一方または両方の電極の表面をガラスなどの絶縁体（次章で述べるが，誘電体ともいう）で覆い，電極間で直接放電が起こらないようにしておいて交流電圧を加えた場合の気体放電を，

バリヤ放電 (barrier discharge) または**無声放電** (silent discharge) という．通常，1 気圧程度以上で用いられる．

気体と固体の誘電率をそれぞれ ε_1，ε_2 とし，固体中の電界を E_2 とすると，気体中の電界 E_1 は，平行平板電極の場合，$E_1 = (\varepsilon_2/\varepsilon_1)E_2$ で与えられる．一般に気体の絶縁破壊電圧は固体のそれより低く，かつ $\varepsilon_1 < \varepsilon_2$ である．したがって，絶縁耐力の弱い気体に強い電界が加わることになり，気体の方が先に絶縁破壊を起こす．

ギャップ間に 1 気圧程度以上の気体を満たして交流高電圧を加えると，電界と平行方向に無数のきわめて細い光の筋が一様に発生する．光の筋はストリーマによるものである．ストリーマの電荷は電極に流れ込めないので，図 2.20 (a) に示すように，固体表面に蓄積される．これを**壁電荷** (wall charge) という．壁電荷が増えて気体中の電界が下がると，放電は止む．しかし，次の半サイクルでは，図 (b) のように，電極の電界と壁電荷の電界の方向とが一致す

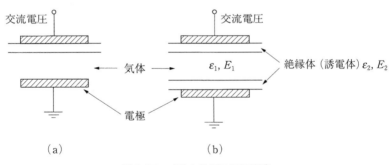

図 2.19 バリヤ放電の電極構造

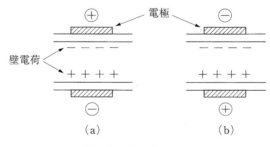

図 2.20 壁電荷の影響

るので，容易に放電が起こる．つまり，一度放電を起こすと，後は低い電圧でも放電を維持できる．この特性を，プラズマディスプレイ（第9章参照）の分野では**メモリ機能**（memory function）とよんでいる．気圧を下げると光の筋は消え，一様に発光する．

b. オゾンの発生

バリヤ放電の気体に空気または酸素を用いると，多量のオゾン（O_3）が発生する．これを利用したオゾン発生装置を**オゾナイザ**（ozonizer）という．オゾナイザは，上・下水道の殺菌，消臭，脱色や，パルプの脱色などに用いられている（第9章参照）．ギャップ長は1 mm程度，印加電圧は10 kV前後，1〜数気圧である．オゾンは高エネルギーの電子と酸素分子との衝突によってつくられるが，気体の温度が高いと分解して酸素に戻ってしまう．このため，バリヤがない状態での交流放電は，大きな電流が流れて温度が上がり，しかも電極間電圧が大幅に低下するので（この状況は第5章で説明する），オゾンの生成には適さない．

c. 大型テレビなどへの応用

バリヤ放電は高電界による気体の励起に適しているため，プラズマディスプレイ方式の大型テレビ，強力なレーザや紫外線の発生などに用いられている．テレビでは，ギャップ長0.1 mm程度のバリヤ放電で画像を表示する．

2.7.2 高周波放電

高周波電圧によっても気体放電が起こる．特に5 Torr程度以下の低気圧高周波放電には，次のような特長がある．(1) E/p_0 が大きいので α 作用による電離が生じやすい．また電子が一方の電極に到達する前に電圧の極性が変わるので，多くの電子がいつまでもギャップ内を往復し，衝突電離を繰り返す．このため，低い電圧で放電が起こる．(2) γ 作用がなくても電子が増えるので，電極を放電管の外に出した状態や，図2.21 (a) に示すように，絶縁体やシリコン基板で電極面を覆った状態でも容易にプラズマを作ることができる．(3) この場合，高周波では電極とプラズマ間の静電容量 C によるインピーダンス $1/(C\omega)$ が小さいので，電源からプラズマ中への電流の注入が容易になる．このため，濃いプラズマができる．(4) イオンは質量が大きくて高周波電界に追

従して動けないので，エネルギーが低い．このため，物体に衝突しても表面をいためない．

以上の特長により，高周波低気圧放電は半導体デバイスの製造などに広く用いられている．周波数は工業用に割り当てられている 13.56 MHz が多く用いられる．この周波数帯の放電を **RF**（radio frequency）**放電**という．なお高周波の場合には，電極を絶縁体で覆った状態をバリヤ放電とはよばない．それは，誘電体のバリヤとしての作用が小さいことによる．

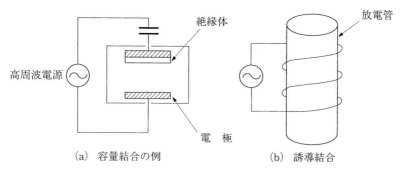

図 2.21 高周波電界の加え方

2.7.3 電磁誘導放電

電磁誘導を利用すると，電極を用いないでプラズマが得られる．例えば，図 2.21 (b) のように，放電管の外側にコイルを巻き付けて高周波電流を流す．こうすると，放電管内に高周波磁界が発生し，これによる電磁誘導電界で気体放電が起こり，電極物質を含まない濃いプラズマが得られる．

また，図 2.22 の方法を用いると，電極物質を含まない超高温のプラズマが得られる．ドーナツ状の放電管に低圧の気体を封入しておいて電源（発電機またはコンデンサ）を投入し，鉄心に巻いたコイルに大きな電流を流す．こうすると，電磁誘導電界により放電管内で気体放電が起こり，鉄心内の磁束を打ち消す方向に大電流が流れ，超高温のプラズマができる．わが国の核融合研究装置 JT–60 には，この方法が用いられている．放電管の容積は 60 m³ もあり，数億

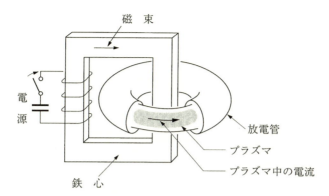

図 2.22 電磁誘導放電による超高温プラズマの発生

度のプラズマが得られている．

2.7.4 マグネトロン放電，ECR 放電

気圧が 10^{-3} Torr 程度以下になると電子の平均自由行程は 10 cm 以上になり，気体分子との衝突の機会が少なくなるため，放電開始が難しい．この場合には，磁界を用いるマグネトロン放電，ECR 放電（第 6 章参照）により濃いプラズマが得られる．

2.8 絶縁物としての大気

高電圧架空送電線の絶縁設計などのため，大気圧の空気の特性は古くから詳しく調べられ，多くの実測データが得られている．その二，三を次に示す．なお，絶縁物では，破壊電圧 V_S を耐電圧，**破壊電界**（breakdown strength）$E_S = V_S/d$ を**絶縁耐力**（dielectric strength）ともよぶ．ただし，絶縁耐力は破壊電圧を指すことがある．

2.8.1 交流電圧による絶縁破壊

a. 平等電界ギャップ

このギャップの絶縁耐力（波高値）E_S [kV/cm] は，図 2.23 に示すようにギャップ長 d [cm] によって変わり，$d=1\sim2$ cm 付近では約 30 kV/cm となる．

E_S の値は測定者によって多少異なり，実験式もいくつか報告されている．その1つを次に示す．

$$E_S = \frac{V_S}{d} = 24.05\,\delta\left(1 + \frac{0.328}{\sqrt{\delta d}}\right) \tag{2.33}$$

ただし，δ は**相対空気密度**（標準状態 760 Torr，20°C の空気を 1 としたときの空気密度）で，気圧 $p\,[\mathrm{Torr}]$，気温 $t\,[°\mathrm{C}]$ とすれば，次式で与えられる．

$$\delta = \frac{0.386p}{273 + t} \tag{2.34}$$

他の実験式もこれと同形であり，定数だけがわずかに異なる．例えば，式 (2.33) の 24.05，0.328 が，23.85，0.329 となる．d が大きい場合の E_S は約 24 kV/cm であるが，これは 2.4.3 項で述べた実効電離係数が正になる電界に等しい．

E_S の理論式は火花条件 $\alpha d = K$ と次の式 (2.35) とから導くことができる．その結果は式 (2.33) と同形である．ただし，ここでの α は実効電離係数である．

$$\frac{\alpha}{p} = A_1\left(\frac{E}{p} - B_1\right)^2 \tag{2.35}$$

ただし，A_1，B_1 は定数である．この式は，$31.3 < E/p < 100$ V/cm·Torr 程度の場合に適している．

d が小なるとき $\alpha d = K$ を満足させるには，α を大きくするために高電界が必要となる．図 2.23 で d の減少に伴い E_S がきわめて大きくなっているのは，このためである．d の減少に伴う E_S の急激な増大は固体の絶縁膜や液体でもみられ，半導体集積回路では，この領域を利用している（3.3 節参照）．

平等電界ギャップには次の特長がある．(1) コロナ放電を経ないで全路破壊が生じる，(2) 火花電圧は湿度の影響を受けない，(3) 印加電圧の立ち上りが，後で述べる雷インパルス電圧のように速い場合でも，ギャップ間の電圧がある値に達すると，ただちに放電が起こる．

特長の (3) は，このギャップがさまざまな波形の高電圧の測定に利用できることを示している．例えば，ギャップに未知の電圧を加えつつギャップ長を小さくしてゆき，放電が生じたときのギャップ長を測ると，式 (2.33) から電圧波高値がわかる．しかも，特長の (2) があるので，湿度による補正が不要である．しかし，平等電界ギャップは製作と完全な平行保持が容易でないので，実際には，次に述べる球ギャップが用いられている．

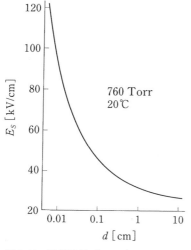

図 2.23 平等電界ギャップの破壊電界

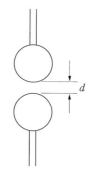

図 2.24 球ギャップ

b. 球ギャップ

図 2.24 に示すように，同じ大きさの球形の電極を向かい合わせたものを球ギャップという．ギャップ長 d が球の直径 ϕ よりも小さければ，平等電界ギャップと同様な特長を示す．したがって，このギャップは $d < \phi$ の範囲で電圧の測定に用いられている（第 8 章参照）．

c. 針ギャップ

球ギャップの球の代りに針電極を用いた針ギャップは，球ギャップの $\phi \ll d$ の場合に相当し，不平等電界ギャップの代表的なものである．電極間の電圧を上げてゆくと，まずコロナ放電が起こり，さらに電圧を上げると全路破壊が起こる．大気の湿度が増すと火花電圧は多少高くなる．これは，水蒸気に電子付着の性質があり，コロナの発展を抑制するためである．

交流火花電圧 V_S の波高値 [kV] には次の実験式がある．

$$V_S \fallingdotseq 18 + 5.0\,d \tag{2.36}$$

ただし，ギャップ長 d は 30〜300 cm 程度の範囲で，気圧は 760 Torr，絶対湿度（空気 $1\,\mathrm{m}^3$ 中の水蒸気の質量 [g]）は $15\,\mathrm{g/m^3}$ である．

一般に，電極の寸法に比べてギャップ長が著しく大きくなれば，すべての電

極は針ギャップと近似した放電をするようになる．したがって，不平等電界における大気の絶縁耐力 V_S/d は，d が大きい場合，約 $5\,\mathrm{kV/cm}$ である．d が大きい場合の実験には棒ギャップが用いられる．針や棒ギャップでは，空気が乾燥していると放電のばらつきが小さい．

2.8.2 インパルス電圧による絶縁破壊

a. インパルス電圧

送配電系統では，雷放電や回路の開閉により，過渡的に持続時間の短い高電圧が発生する．これを**雷サージ**，**開閉サージ**という．サージ (surge) による絶縁破壊を未然に防ぐため，系統で使用する電力機器などに対しては，あらかじめサージに対する絶縁強度が十分あることを実証するため試験が行われる．試験には，サージを模擬した電圧を人工的に発生して用いる．この電圧を**雷インパルス電圧** (lightning impulse voltage)，**開閉インパルス電圧** (switching impulse voltage) という．

インパルス電圧の波形や波形の表示方法は標準規格で定められている[7]．例えば，雷インパルス電圧の表示には図 2.25 (a) のような方法が用いられる．波高値の 90% と 30% の点とを結ぶ直線が時間軸と交わる点 O_1 を**規約原点**とし，これから測った時間 T_1，T_2 をそれぞれ**規約波頭長**，**規約波尾長**とする．**標準波形**は $T_1 = 1.2\,\mu\mathrm{s}$，$T_2 = 50\,\mu\mathrm{s}$ であり，この雷インパルス電圧を $\pm 1.2/50\,\mu\mathrm{s}$ と表示する．ただし，正負の符号は電圧の極性を示すもので，そのどちらか

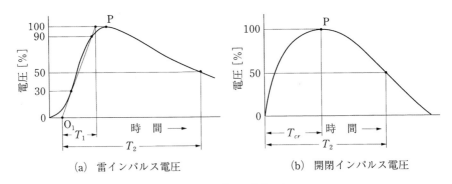

図 2.25　インパルス電圧の表示

を記す．開閉インパルス電圧の場合には，同図 (b) のように実際の原点 0 を基準にして波頭長 T_{cr}，規約波尾長 T_2 を決める．標準波形は $T_{cr} = 250\,\mu s$，$T_2 = 2500\,\mu s$ であり，この開閉インパルス電圧を±250/2500 μs と表示する．

雷インパルスの場合に規約原点を用いるのは，観測波形に高周波振動が重畳し，原点付近の波形が不明確となるためである．8.3 節で述べるが，雷インパルスの発生に必要なエネルギーは，電子回路のパルスの発生に比べて桁違いに大きいので，インパルス発生時に大地電位の動揺などが生じ，高周波振動が誘発される．このため，国際的に上記の規約を用いることになっている．一方，開閉インパルスでは時間が 2 桁も大きいので，持続時間が 1 μs 程度の高周波振動は，原点を決めるのに問題とならない．

b. 火花の遅れ

あるギャップ間にインパルス電圧を加えた場合，図 2.26 に示すように，電圧値 V_m で全路破壊が生じると，ギャップ間の電圧は急降下する．この図で V_0 は電圧を緩やかに上昇させた場合の火花電圧であり，時間 τ を**火花の遅れ**または**放電の遅れ**という．また 0PQ のように後半を裁断されたインパルスを**裁断波** (chopped wave) という．不平等電界ギャップではコロナ放電を経由して全路破壊に至るので τ が大きい．このため，立ち上りがきわめて急しゅんなインパルス電圧が印加されると，V_m が V_0 よりも非常に大きくなる．

インパルス電圧の波形が同じでも波高値が変われば，電圧印加から放電開始

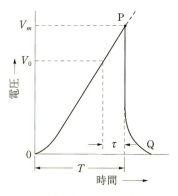

図 2.26 火花の遅れ

までの時間 T が変わる．ギャップに加わった電圧の最大値 V_m と T との関係曲線を **V–t 曲線**という．

c. 放電率（フラッシオーバ率）

ギャップにインパルス電圧を印加しても，初期電子が適当な場所になかったり，電圧の持続時間が短いため電子なだれが十分成長できないことがある．つまり同じインパルス電圧を印加しても，放電したりしなかったりする．同じインパルス電圧を N 回印加し，そのうち n 回だけフラッシオーバすなわち全路破壊が生じたとき，$(n/N) \times 100\%$ をこの場合の**放電率**（discharge rate）あるいは**フラッシオーバ率**という．また，放電率が 50% である電圧波高値を **50%フラッシオーバ電圧**という．インパルス電圧を加えたときのフラッシオーバ電圧は，特にことわらない場合は 50% フラッシオーバ電圧であることが多い．

d. 長ギャップのフラッシオーバ電圧

実測によると，棒対平板電極間のフラッシオーバ電圧 V_S [kV] は，棒電極に正極性の開閉インパルス電圧を印加したとき最も低く，ギャップ長 $d = 2 \sim 8\,\mathrm{m}$ のとき

$$V_S = 500 \cdot d^{0.6} \tag{2.37}$$

で与えられる．この式は，超高圧の送電にはきわめて大きなギャップ長が必要なことを示している．

2.8 絶縁物としての大気   45

> **・POINT・**
>
> 1. 気体中における電子のドリフト速度などは E/p_0 によって決まる．
> 2. 気体の絶縁破壊は，α 作用，γ 作用，ストリーマの進展などによって起こる．
> 3. 平等電界ギャップの火花条件は $\alpha d = K$ である．
> 4. ペニング効果を利用すると低い電圧でプラズマをつくることができる．一方，絶縁やプラズマの消滅には SF_6 ガスが適している．
> 5. プラズマの生成には，高周波放電，バリヤ放電など，さまざまな方法が用いられている．
> 6. 大気の絶縁耐力（波高値）は，ギャップ長が大きい場合，平等電界ギャップで $24\,\text{kV/cm}$，不平等電界ギャップで $5\,\text{kV/cm}$ である．
> 7. 大気中の平等電界ギャップまたは球ギャップは，火花の遅れが小さく，火花電圧が湿度の影響を受けないので，高電圧の測定に利用できる．
> 8. 長ギャップでは，開閉インパルス電圧の場合にフラッシオーバが最も起こりやすい．

演 習 問 題

2.1 式 (2.1) から式 (2.2) を導け．

2.2 放電管に $20°C$ で $5\,\text{Torr}$ の気体を封入した．$0°C$ に換算したときの圧力 p_0 の値を求めよ．

2.3 Townsend の理論で用いられている仮定は次のうちのどれか．(1) 陰極を出発した電子は電子なだれをつくる．(2) 電子なだれによる電界は外部から加えた電界より大きい．(3) 平行平板電極である．

2.4 平等電界ギャップでコロナ放電が持続しないのはなぜか．

2.5 次の事項を説明せよ．
　　(a) パッシェンの法則　　　(b) α 作用，γ 作用
　　(c) 電子付着，再結合　　　(d) バリヤ放電（無声放電）

·PAUSE·

J.J. Thomson と Research Students

　写真は，電子を発見したばかりの Thomson と，彼の Research Students である．所はケンブリッジ大学キャベンディシュ研究所．時は1898年．この頃，門下生の多くは，後世に彼らの名を残すことになる研究に着手している．例えば，Townsend は暗流の研究に着手し，その後大きな成果をあげた．1900年オックスフォード大学教授となる．Rutherford は，このすぐ後でカナダに渡り，化学者 F.Soddy との幸運な巡り逢いなどにより研究が発展し，1908年ノーベル賞受賞．C.T.R.Wilson は霧の研究に着手し，1927年に霧箱の開発でノーベル賞受賞．この霧箱はストリーマの研究にも大きく貢献している．Richardson は1928年に熱電子放出などの研究でノーベル賞を受賞．Langevin は1909年ソルボンヌ大学教授となる．フランスを代表する物理学者．この写真の数年後，Curie 夫人との恋愛でマスコミに騒がれる．その沈静化に Rutherford らが尽力したという．Child は空間電荷制限電流に関する Child–Langmuir の法則で知られている．写真には彼らは一応おとなしくおさまっているが，日頃は，とぼしい実験器具の激しい奪い合いを演じながら研究に励んでいたとの記録がある．

O.W.Richardson, J.Henry,
E.B.H.Wade, G.A.Shakespear, C.T.R.Wilson, E.Rutherford, W.Craig-Henderson, J.H.Vincent, G.B.Bryan,
J.C.McClelland, C.Child, P.Langevin, Prof.J.J.Thomson, J.Zeleny, R.S.Willows, H.A.Wilson, J.Townsend

3 液体，固体および複合誘電体の絶縁破壊

本章では，絶縁物として用いられている液体，固体および複合誘電体の絶縁破壊の原因とその対策などを説明する．

3.1 誘電体

正負の電荷 Q, $-Q$ が与えられている一対の電極間に絶縁体を挿入すると，電極間の電界が弱くなる．これは次の理由による．絶縁体内の正負の電荷は電界により力を受けて変位する．例えば，原子核とその周囲の電子群とは，反対方向にわずかではあるがずれる．その結果，図 3.1 に示すように，絶縁体の両端に電極と反対極性の電荷が現れる．したがって電極間の電界は弱くなる．このような電気現象が誘導されることから，絶縁体は**誘電体** (dielectrics) とよばれる．

誘電体に交流電圧を加えると，電荷の変位による摩擦などでエネルギー損失が生ずる．これを**誘電体損失**または**誘電損**という．静電容量 C の誘電体に角周波数 ω の電圧 V を加えると，図 3.2 のように電流 I が流れる．位相角 δ, ϕ を図のように決めると，充電電流 $I_C = \omega C V$, $I \cos\phi = I_C \tan\delta$ であるから，誘電損 W は次式で与えられる．

$$W = VI\cos\phi = \omega CV^2 \tan\delta \tag{3.1}$$

δ を**誘電損角**，その正接を**誘電正接**あるいは $\tan\delta$ とよぶ．$\tan\delta$ は，誘電体の形状や寸法には無関係であり，絶縁耐力，誘電率 ε とともに誘電体の電気的性

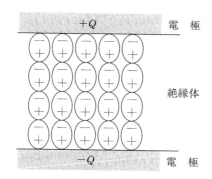
図 3.1　絶縁体内の電荷の配列

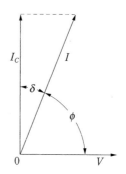
図 3.2　誘電体に流れる電流

能を示す重要な量である．誘電損が大きいと温度上昇を招き，絶縁耐力が下がる．したがって放熱が難しい場合には，$\varepsilon \tan \delta$ が小さい誘電体でないと使用できない．

3.2　液体の絶縁破壊

3.2.1　絶縁油

a.　不純物の影響

　液体誘電体の中で主として用いられているのは，原油から分留精製された**絶縁油**である．その絶縁性能は，油中に設けた直径 12.5 mm の球ギャップ（ギャップ長 2.5 mm）における交流破壊電圧実効値で示すことになっている．適切に精製処理を行った絶縁油は，その値が 75 kV 以上で，絶縁耐力は大気よりもはるかに大きい（演習問題 3.1）．しかし，吸湿などにより性能が低下する．特に水分と，それを吸収しやすい繊維などが共存すると，交流破壊電圧の低下が著しい．その一例を図 3.3 に示す．

　交流破壊電圧の低下は次の原因によるものと考えられている．(1) 高電界により水は図 3.4 に示すように分極し，繊維を伴って電界方向に移動して電極に到達する．(2) 繊維が電極表面に直立すると先端の電界が強まるので，別の繊維が先端に引き寄せられる．(3) 以上が次々に起こると，電極間が繊維で橋絡

3.2 液体の絶縁破壊   49

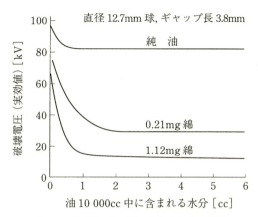

図 3.3 破壊電圧に及ぼす水分と綿の影響

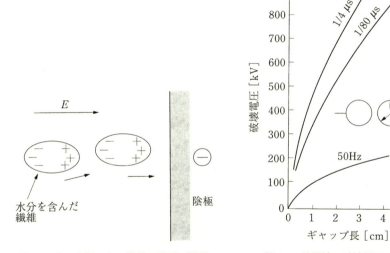

図 3.4 水の分極による繊維の配列（繊維は拡大して示してある）

図 3.5 絶縁油の破壊電圧の例

されるか，あるいはそれに近い状態になり，低い電圧で絶縁破壊が生じる．

一方，時間幅の小さいインパルス電圧に対しては，不純物の影響は少ない．この原因として，電極間が不純物で橋絡される前に電圧印加が終わってしまう

ことがあげられる．図 3.5 に変圧器用の絶縁油のインパルス破壊電圧と交流破壊電圧波高値を示す．平等電界ギャップの場合，両者の比は大気中ではほぼ 1 に等しいが，油中では 1 よりはるかに大きい．

b. 不純物対策

以上のように，不純物は交流破壊電圧に悪影響を及ぼすが，不純物を完全に取り除くのはきわめて困難である．このため，絶縁油を使用するにあたっては，工業的に可能な限り不純物を除去するとともに，次の方法がとられている．(1) 不純物による橋絡を防ぐため，バリヤとしてクラフト紙などの固体誘電体を併用する．(2) クラフト紙などはあらかじめ真空中で加熱乾燥を行い，吸着されている水分やガスを徹底的に除去してから絶縁油を注入する．このようにすると，不純物による橋絡が阻止されるだけでなく，クラフト紙内の空隙（ボイド，void）が油で満たされるので，絶縁油だけ，あるいは紙だけでは不可能な高い絶縁耐力が得られる．ボイドがあると，次節で述べるようにボイド放電が生じ，絶縁劣化を招く．(3) 密封式にして不純物の混入を遮断する．

以上の方法を併用すると，優れた絶縁性能が永年にわたって維持される．この方式を OF 式といい，OF 式のケーブルを **OF ケーブル** (oil filled cable) という．OF ケーブルは，多数の銅線をよりあわせた円柱状の導体に厚さ $100\,\mu m$ 程度のクラフト紙を何重にも巻き付けてから OF 処理を施したもので，超高圧の送電線路で用いられている．また送配電線路の電圧調整や負荷力率の改善などに多く用いられている**電力用コンデンサ**は，ほとんど OF 式である．

c. 冷却作用

絶縁油を強制的に循環させて発熱部の熱を外部に放出することにより，強い冷却作用が得られる．このため，油入絶縁は，特に強い冷却が要求される高電圧大容量変圧器などに用いられる．米国では，太い鋼管内に OF ケーブル（外被の無いもの）を 3 条引き入れ，14 気圧程度の絶縁油を循環させて強制冷却する方法が，超高圧大電力輸送に多く用いられている．なお，絶縁油や SF_6 ガスの移動速度をあまり大きくすると，固体との摩擦帯電により高電圧が発生するので注意を要する（9.3 節参照）．

d. 複合誘電体

絶縁油とクラフト紙のように，異なった種類の誘電体が組み合わされたものを**複合誘電体**（composite dielectrics）という．これについては次節以降でも説明する．実は，有限寸法の絶縁系はすべて複合誘電体である．

3.2.2 水

純水には次の性質がある．(1) 常温における比誘電率は 80 で，絶縁油やポリエチレンの約 2.2 に比べてはるかに大きい．(2) 時間幅が数 μs 以下のパルス電圧に対しては，絶縁油に匹敵する絶縁耐力をもつ．これに関して多くの実験式が報告されている．その 1 つを次に示す．

$$E_S \cdot \tau^{1/3} \cdot S^{1/10} = 0.3 \tag{3.2}$$

ただし，E_S：平等電界ギャップにおける破壊電界 [MV/cm]，τ：印加電圧ピーク値の 63% 以上が印加される時間 [μs]，S：電極面積 [cm^2] で，絶縁油の場合には式 (3.2) の右辺は 0.5 である．

(1)，(2) の性質のため，純水は MV 級のパルス成形線路などに用いられている（第 7 章参照）．ただし，抵抗率がコンデンサ用の他の誘電体に比べてはるかに小さいので，充電に時間がかかると温度が上昇し，誘電率が下がる．

なお，(1) の性質のため，水分が他の絶縁物に混入すると電界を乱し，絶縁破壊の原因となる．また，式 (3.2) が示すように，S が増えると E_S が低下するが，これは，絶縁油や水に限らず絶縁物に共通した現象である．S が増えると電極表面の微小突起などの存在確率が増すためと考えられる．このように，放電特性が S によって影響されることを**面積効果**という．式 (3.2) にはギャップ長 d が含まれていないが，d が大きくなると図 3.5 のように E_S は低下する．

3.3 固体の絶縁破壊

3.3.1 絶縁破壊電圧

a. 破壊電圧の測定法

固体誘電体の破壊電圧を調べるため，図3.6に示すように，大気中で固体試料に電圧を加えると，大気の絶縁破壊の強さが固体のそれよりもはるかに低いので，電極の端のP，Qの部分でまず空気中のコロナ放電が始まる．さらに電圧を上げると，放電は固体の表面に沿って進展し，ついにはPQ間でフラッシオーバが生じる．表面に沿っての放電を**沿面放電**または**表面放電**（surface discharge）というが，これの発生により，固体がよほど薄くないと固体に貫通破壊を起こさせることができない．そのため，次のような対策がとられる．(1) 不純物を十分取り除いた絶縁油中で測定を行う，(2) 図3.7に示すように，試料に凹部を設けるとともに，電極と試料との接触をよくするため，金属薄膜を試料に蒸着して電極にする，など（次節参照）．

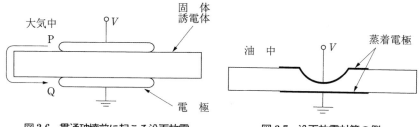

図3.6 貫通破壊前に起こる沿面放電　　図3.7 沿面放電対策の例

磁器試料の交流破壊試験の結果の一例を図3.8に示す．Aのような電極配置では，沿面放電が発生しやすいので，破壊電圧 V_S は低い．Bのように試料に凹部を設けると，V_S は上昇し，さらに油に圧力を加えて油中の部分放電の発生を抑えると，Cのように V_S はほぼ直線状に上昇する．以上のように，電極の端の形状や周辺の媒質が破壊電圧に影響することを，**周辺効果**，**端効果**（edge effect）または**媒質効果**（medium effect）という．

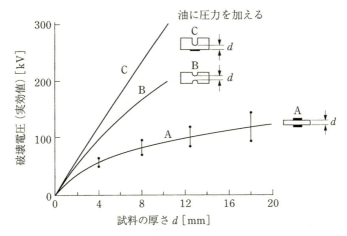

図 3.8　磁器試料の油中交流破壊試験

b. 絶縁材料と絶縁耐力

　各種の絶縁材料が用いられているが，そのうちのいくつかを次に紹介する．図 3.8 の磁器（長石磁器）は高電圧の送電線を鉄塔から絶縁するがいし（碍子，insulator，第 9 章参照）などに広く用いられており，その破壊電界すなわち絶縁耐力は，図の例では約 30 kV/mm である．

　大電力は地中ケーブルによっても送られるが，それに多く用いられている架橋ポリエチレン（後述）の絶縁耐力は，交流で約 40 kV/mm，雷インパルスで約 80 kV/mm である．

　電力は地上の送電線や地中ケーブルによって変電所に送られる．そこでは，高電圧部分を一括して密封容器におさめ，圧縮した SF_6 ガスで絶縁している．この方式の高電圧導体の支持物には，アルミナ（Al_2O_3）を充塡した**エポキシ樹脂**（epoxy resin）が主として用いられている．これは，架橋ポリエチレンと同程度の絶縁耐力をもち，しかも SF_6 ガスが放電しても，それによる絶縁劣化がきわめて小さい．

　以上では各種の材料の絶縁耐力について述べたが，実際に用いられている電界値は，安全のため，これらよりかなり低い．

c. 薄膜の絶縁耐力

絶縁膜の厚さがきわめて小さくなると，大気中の平等電界ギャップと同様に，破壊電界は急激に大きくなる．その例を図 3.9 に示す（演習問題 3.4）．

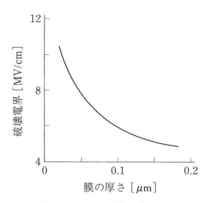

図 3.9　Al_2O_3 膜の破壊電界

半導体集積回路には，薄膜の強い絶縁耐力を利用して，狭い空間に多くの回路が組み込まれている．絶縁膜の材料としては，プラズマ CVD 法（第 9 章参照）で生成される**窒化シリコン**（Si_3N_4），**酸化シリコン**（SiO_2）などが用いられている．集積化が進められた結果，絶縁膜の厚さは 10 nm 程度となり，通常の使用状態でこれに印加される電界は $0.3\,\mathrm{V/nm}=3\,\mathrm{MV/cm}$（$300\,\mathrm{kV/mm}$）程度にもなっている．絶縁膜の絶縁耐力は約 $8\sim10\,\mathrm{MV/cm}$ である．

3.3.2　部分放電

固体誘電体を用いた電気機器やケーブルでは，以下に述べる部分放電によって全路破壊に至ることが多い．

a. 部分放電の発生

部分放電は次の原因で発生する．(1) 図 3.10 の A のように固体の内部に微小なボイドがあると，交流高電界により一種のバリヤ放電が起こる．これを**ボイド放電**（void discharge）という．図の B のように固体と電極の接触が悪い場合にも，ボイド放電が起こる．(2) 電極表面に微小突起 P がある場合などには，局部的に高電界が発生し，部分放電が起こる．

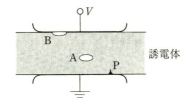

図 3.10 誘電体内のボイドや電極の微小突起

b. 部分放電対策

　部分放電により固体は次第に侵食され，絶縁性能が悪化する．また材質によっては，後で述べるトリーに発展する．したがって，この状態が長期間にわたって継続すると，ついには全路破壊に至る．このため，電気機器やケーブルなどの製造では，次のような対策がとられている．(1) 固体絶縁物に接する導体の表面を滑らかにする．(2) 固体表面に平滑な半導電層をつくり，局部的高電界の発生を抑制する．(3) クリーンルームで作業を行い，異物の混入を防止する．異物は電界を乱したり，固体との界面に微小なボイドをつくることがある．(4) ボイドに絶縁油を浸み込ませる．(5) マイカなどの無機物は部分放電に対してきわめて強いので，これを適当に用いる（発電機用コイルはこの例）．(6) 電気機器やケーブルが完成したとき，部分放電の有無などを調べ，異常のないことを確かめる．これを**部分放電試験**という[8]．部分放電が起こると，パルス状の電流が流れ，$\tan \delta$ も増加する．したがって，これらを測定すると，部分放電の有無，部分放電が発生する電圧，発生頻度，放電エネルギーなどを知ることができる．また，部分放電は全路破壊の前兆として生ずることが多いので，必要に応じ，運転中も部分放電の測定を行う．

c. トリーイング

　絶縁材がプラスチックやゴムの場合には，次のような部分放電が発生する．透明なプラスチツク板に針電極を埋め込み，電圧を長時間加えてから観察すると，図 3.11 に示すように，樹枝状の放電の痕跡が認められる．これを**トリー** (tree) とよび，トリーが発生する現象を**トリーイング** (treeing) という．針電極に電圧を加え続けると，トリーは時間とともに徐々に進展し，ついには全路破壊に至る．トリーの進展の機構は複雑で，現在も研究が進められている．

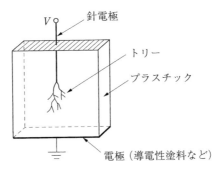

図 3.11　トリーイングの観察方法

　先に述べた架橋ポリエチレンは，絶縁耐力が高くて柔軟性もありケーブル用に適しているが，弱点が1つある．それは，ボイド放電が生じたり，局部的高電界が加えられると，上記と同様にトリーが発生することである．特に，水分があると，低い電圧でもトリーが発生する（これを**水トリー**という）．このため，架橋ポリエチレンを用いてケーブルをつくる場合には，(1) 部分放電対策を厳重に行う，(2) 架橋ポリエチレンの製造に水蒸気を使わない，(3) 浸水の状態で使用するケーブルは防水を特に厳重に行う，などの対策がとられている．

　架橋ポリエチレンを用いたケーブルをCVケーブルという．CVはcrosslinked polyethylene insulated polyvinyl–chloride sheathedの略である．**CVケーブル**の一例を図3.12に示す．半導電層は，ボイド放電やトリーの発生を防ぐためのものである．浸水用や超高圧用のケーブルには，塩化ビニル製のシースの代りに，金属シース（ステンレスやアルミニウム製）が用いられる．

　実用初期には，トリー対策の不備で故障がかなり発生したが，現在では，これに対する技術や材料が著しく改善されている．またCVケーブルには，油入ケーブルに比べ，(1) 燃え難い，(2) 給油設備が不要で保守も容易である，(3) 誘電体損失が小さい，などの利点があるため，超高圧の送電線路にも多く用いられつつある．

d.　電圧劣化

　印加電圧 V が高くなると，誘電体の絶縁劣化が早まり，寿命 t が短くなる．これに関しては

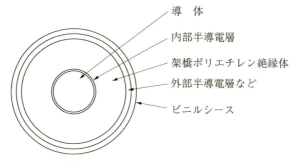

図 3.12　CV ケーブルの絶縁構造

$$V^n t = 定数 \tag{3.3}$$

などの実験式がある．CV ケーブルやエポキシ樹脂では，$n=10〜16$ である[9]．V と t の関係は実用上きわめて重要であるが，1 つのデータを得るにも，何年にもわたる実験が必要である．

3.4　沿面放電

図 3.6 の実験にもみられるように，複合誘電体では，沿面放電が問題になることが多い．その発生状況は，電界の加え方によって大きく変わる．

3.4.1　不平等電界形の沿面放電

a.　沿面放電の発生

図 3.13 のように，厚さ δ [m] の誘電体板と垂直に棒電極を設置して電圧を加えると，電極の先端部分に接する空気に高電界がかかり，コロナ放電が発生する．これで生成された多量の電荷が誘電体の表面に沿って広がるので，沿面距離 d [m] が大きくてもフラッシオーバが起こりやすい．その状況は，次の実験式からもわかる．次式は大気中でのインパルス電圧の実験で得られもので，沿面フラッシオーバ電圧 V_S [V] は

$$V_S = K C^{-3/8} d^{1/4} \tag{3.4}$$

で与えられる．ただし，$K \fallingdotseq 74$，C [F/m^2] は誘電体の単位面積当りの静電容量で，$C = \varepsilon / \delta$，ε は誘電率，である．

C が大きいと V_S が下がるのは，次のように説明できる．棒電極と平板電極間の電圧は空気と誘電体で分担されるが，C が大きいと空気にかかる電圧が大きい．したがって V_S が低くてもコロナ放電が起こり，フラッシオーバへと発展する．

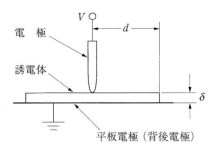

図 3.13　不平等電界形の配置

b.　リヒテンベルク像

図 3.13 の誘電体として写真用フィルムを用い，電圧を印加してから現像すると，放射状に広がる像が得られる．これを**リヒテンベルク像**（Lichtenberg figure）という．この像から放電の発展状況を知ることができる．

c.　沿面放電防止対策

沿面放電を防止するには，原因であるコロナ放電を阻止すればよい．具体的には，(1) 高電界の部分では誘電体と電極を密着させてギャップをつくらない．(2) 電極の形状に丸みをもたせて電界を下げる．(3) 誘電体の厚み δ を大きくする．誘電体の表面にひだをつくるのはこれに属する．(4) 誘電率の小さい誘電体を用いる．(5) 図 3.8 の C の場合のように，加圧した絶縁油を用いる．なお気体では，10 気圧程度にしても抑制効果はほとんどない．(6) 後で述べる分割絶縁を行う．以上の適用例を図 3.14 に示す．同図 (a) に示す同軸ケーブルの端末では，金属製のシースと導体間の沿面距離を大きくしてもフラッシオーバ電圧はほとんど上昇しない．それで，同図 (b) のような静電遮へい電極を設ける．

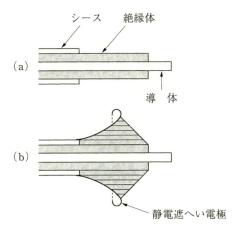

図 3.14　同軸ケーブルの端末処理

d.　沿面放電の応用

この場合には，広い空間にコロナ放電が発展するので，オゾンの発生などに利用できる．またリヒテンベルク像は，インパルス電圧の極性や大きさによって形状が変わるので，これを利用するとインパルス電圧の測定ができる．このための装置を**クリドノグラフ**（Klydonograph）という．原理的には，図 3.13 の放電部分を暗箱に収めたものである．

3.4.2　平等電界形の沿面放電

図 3.15 のような平等電界中では，コロナ放電は発生せず，誘電体の表面が清浄であれば，電極間のフラッシオーバ電圧は誘電体がない場合に等しい．ただ

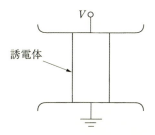

図 3.15　平等電界形の配置

し，誘電体と電極の接触部にギャップが存在し，局部的に高電界が発生すると，そこでのコロナ放電がトリガとなって，フラッシオーバ電圧が低下する．これは，高電界が用いられる高気圧絶縁の場合に顕著となる．

3.4.3 真空中の沿面放電

真空ギャップの絶縁耐力はきわめて大きいが，誘電体を挿入すると著しく低下する．主な原因は，陰極と誘電体の接触部で発生した電子が誘電体表面と衝突して2次電子やガスを放出するためと考えられている．対策としては，接触の改善や，磁界による電子の軌道の制御などの方法が用いられる．磁界を用いて電子が誘電体の表面に当たらないようにすると，絶縁耐力は増す．例えば，1 MV 前後のインパルス電圧に対する絶縁方法を調べた実験では，磁界が強い場合

$$E_S \simeq 2 \times 10^2 B \tag{3.5}$$

が得られている．ただし，E_S [kV/cm] は磁界を適切に用いた場合の絶縁耐力，B [T] は磁束密度である[10]．

3.4.4 分割絶縁

沿面放電に限らず，一般に絶縁耐力 $E_S = V_S/d$ は，電極間の距離 d が大きくなると低下する．例えば，平行平板電極の d が大きくなると不平等電界ギャップとなり，E_S が著しく低下する．このため，誘電体をいくつかに分割し，その間に導体を挿入する絶縁方式がしばしば用いられる．この方式には次の利点がある．(1) 各導体間の距離 ξ が小さいので，各層の誘電体の絶縁耐力が大きい．これは，絶縁破壊の原因である電子なだれ $\exp(\alpha\xi)$ などが大きく発展しにくいことによる．(2) d が大きい誘電体での絶縁耐力低下の原因として，局部的高電界による部分放電の発生があげられる．これに対し分割絶縁方式では，挿入導体により，各層の誘電体に同じ電圧を分担させることができる．したがって各層の大きい絶縁耐力を有効に利用できる．

分割電圧の均等化にはさまざまな方法がある．例えば，図 3.16 の平板電極 A と，これを貫通する高電圧円柱電極 B との間を絶縁する場合には，電極 B に一

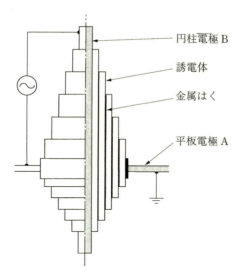

図 3.16　分割電圧の均等化の例

定の厚さの誘電体と金属箔を交互に巻き付けて何層ものコンデンサを形成する．電極 B の中心から r の位置にある金属箔の軸方向の長さを l とすると，金属箔間の静電容量は金属箔の面積 $2\pi rl$ に比例するので，r に応じて l を調整すると各金属箔間の電圧を均等にできる．電力用変圧器などの高電圧部分を容器（タンク）の外に引き出すのに**ブッシング**（bushing）が用いられるが，その絶縁には，上記の方式が採用されている．これを**コンデンサブッシング**という．

分割電圧の均等化には抵抗による分圧などの方法も用いられる（9.2.3 項の b を参照）．また 7 章で述べる変圧器の縦続接続なども，一種の分割絶縁である．

3.5　トラッキング

放電によって絶縁物の表面が変質し導電路ができる現象を，**トラッキング**（tracking）という．例えば，有機絶縁物の表面が塩分，湿気，ほこりなどで汚れると漏洩電流が流れ，その際発生する**シンチレーション**（scintillation）とよばれる局部的な微小発光放電の熱によって絶縁物が分解され，炭化導電路が形成される．トラッキングが進展すると，ついには全路破壊が生じる．

家電製品のプラグでのトラッキングによると考えられる火災が発生していることから（東京都内で年間70件以上），プラグの材質や構造の改良が進められている．調査によると，事故が生じたプラグのほとんどが7年間以上コンセントに差し込まれたままになっており，使用電流も大きい．したがって，(1) プラグの清掃，(2) 過負荷にしないこと，が必要である．

・POINT・

1. 絶縁油とクラフト紙などの固体誘電体を組み合わせて用いると，油中の不純物と固体中のボイドによる悪影響を避けることができる．
2. 固体誘電体の破壊電圧を測定する場合には，周辺効果に注意する必要がある．
3. 大電力の輸送には高電圧が用いられるが，その絶縁には，液体・固体関係では，絶縁油，磁器，架橋ポリエチレン，エポキシ樹脂などが用いられている．
4. 半導体集積回路の絶縁膜は非常に高い電界で用いられている．
5. 部分放電は誘電体の寿命に悪影響を及ぼすので，防止対策を十分に行う必要がある．
6. 沿面放電の防止には，コロナ放電の抑制や分割絶縁が有効である．

演 習 問 題

3.1 式 (2.33) により $d = 2.5\,\mathrm{mm}$, $\delta = 1$ における大気の V_S を求め，絶縁油の破壊電圧と比較せよ．

3.2 次の事項を説明せよ．(a) ボイド放電，(b) トリーイング．

3.3 絶縁油とクラフト紙などの固体誘電体を組み合わせて用いると，なぜ油中の不純物と固体中のボイドによる悪影響を避けることができるのか．

3.4 固体の破壊電圧 V_S と試料の厚さ d との間には実験式 $V_S = Ad^n$ がある．ここで，A, n は定数で，$n = 0.4 \sim 1$ である．この関係は，d が小さい大気中の平等電界ギャップでも成立する．標準状態における A と n の値を求めよ．ただし，式 (2.33) は与えられているとする．

4 プラズマの基礎

本章からプラズマの説明に入る．まず，プラズマの特徴などを説明し，次いでプラズマの流体方程式を導く．この方程式は，プラズマ現象を理論的に調べる場合に広く用いられている．

4.1 混合気体としてのプラズマ

気体を電離させてプラズマを生成した場合，n_o 個の気体分子のうち，n_e 個だけ電離したとする．このとき，n_e/n_o を**電離度** (degree of ionization) という．電離度が十分低い場合には，電子やイオンが衝突する相手はほとんどが気体分子であり，荷電粒子間の衝突の影響は無視できる．このようなプラズマを，**弱電離プラズマ** (weakly ionized plasma または partially ionized plasma) という．現在，産業面で用いられているプラズマの多くは，電離度が 10^{-3} 以下の弱電離プラズマである．これに対し，荷電粒子間の衝突が支配的なプラズマを**強電離プラズマ** (highly ionized plasma) といい，特に完全に電離したものを**完全電離プラズマ** (fully ionized plasma) という．以下では主として弱電離プラズマについて述べる．

プラズマ中には，電子，イオンおよび電荷をもたない中性粒子（分子，原子）の3つの集団が混在している．それぞれの集団を，電子気体，イオン気体，中性気体という．各気体の粒子が2.1節と同様な熱運動を行う場合には，各気体の圧力を p_s，粒子の質量を m_s，粒子数密度を n_s，温度を T_s，熱速度を v_s とすると，これらの間には

$$p_s = n_s k T_s \tag{4.1}$$

$$p_s = \frac{1}{3} m_s n_s v_s^2 \tag{4.2}$$

$$\frac{1}{2} m_s v_s^2 = \frac{3}{2} k T_s \tag{4.3}$$

が成立する．ただし，添字 $s = e, i, n$ はそれぞれ，電子気体，イオン気体および中性気体を意味する．

中性粒子には電界 E によってエネルギーが供給されないが，ドリフト速度 u_e の電子には単位時間当り eEu_e のエネルギーが与えられる．しかも，中性粒子との衝突によるエネルギー損失がきわめて小さい（例題 4.1 参照）．したがって電子温度は中性気体の温度より一般にきわめて高い．イオンも電界からエネルギーを与えられるが，電子のそれよりもはるかに小さい．そのうえ，中性粒子との衝突により，保有するエネルギーのほとんどを失う．このため，イオン温度は中性気体の温度とほぼ等しい．事実，10 Torr 程度以下の気体放電でつくられたいわゆる**低気圧放電プラズマ**では，$T_e \gg T_i \geq T_n$ である．このように，構成気体の温度が異なるプラズマを**非平衡プラズマ**という．しかし，数百 Torr 以上の気体放電でつくられたいわゆる**高気圧放電プラズマ**では，粒子間の衝突がきわめて頻繁に行われるため，T_e, T_i, T_n はほぼ等しい．これを**平衡プラズマ**という．

〔例題 4.1〕図 4.1 のように，質量 m_1，速度 v の粒子 I が，静止している質量 m_2 の粒子 II に正面衝突した．このとき，粒子 I の失う運動エネルギーを求めよ．ただし，粒子はいずれも剛体球とする．

〔解〕粒子 I および粒子 II の衝突後の速度をそれぞれ v_1, v_2 とすると，運動量の保存則とエネルギーの保存則により

$$m_1 v = m_1 v_1 + m_2 v_2 \tag{4.4}$$

$$\frac{1}{2} m_1 v^2 = \frac{1}{2} m_1 v_1^2 + \frac{1}{2} m_2 v_2^2 \tag{4.5}$$

が成立する．両式から，$v_1 = (m_1 - m_2)v/(m_1 + m_2)$ が得られる．したがって粒子 I が失うエネルギーを δU_1 とすれば

$$\frac{\delta U_1}{U_1} = \frac{4 m_1 m_2}{(m_1 + m_2)^2} \tag{4.6}$$

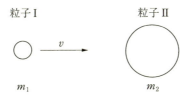

図 4.1 粒子の正面衝突

となる。ただし，$U_1 = m_1 v^2/2$ である。したがって，粒子 I が電子，粒子 II が中性粒子の場合には，$\delta U_1/U_1 = 4m_e/m_n \ll 1$ となる。また，粒子 I がイオンまたは中性粒子，粒子 II が中性粒子の場合には，$\delta U_1/U_1 = 1$ となる。

〔補足〕**エネルギー単位の温度**

プラズマの理論式においては，温度 T は単独でなく，式 (4.1) のように k と結合して現れることが多い。そして kT は，式 (4.3) のようにエネルギーの次元をもつ。このため，プラズマの専門分野では，しばしば $T_E = kT$ をエネルギー単位の温度または単に温度とよび，単位として [eV] を用いる。$1\,\mathrm{eV} = 1.602 \times 10^{-19}\,\mathrm{J}$ であるから，$T_E[\mathrm{eV}]$ は

$$T_E = \frac{1.380 \times 10^{-23} T}{1.602 \times 10^{-19}} = 0.861 \times 10^{-4} T \tag{4.7}$$

となる。したがって，$T = 10^4\,\mathrm{K}$ の場合には $T_E = 0.861\,\mathrm{eV}$ であり，逆に $T_E = 1\,\mathrm{eV}$ の場合には $T = 1.16 \times 10^4\,\mathrm{K}$ である。この関係を示すのに，T_E または k をいちいち書くのはわずらわしいので，$T = 10^4\,\mathrm{K} = 0.861\,\mathrm{eV}$, $T = 1\,\mathrm{eV} = 1.16 \times 10^4\,\mathrm{K}$ と表すことがある。書物によっては $p = nT$ と書いてあるが，この場合の T は T_E のことである。

4.2 プラズマの特徴

4.2.1 プラズマ振動

1.2 節で述べたように，プラズマは電気的中性を保とうとする性質をもっている。この性質による代表的な現象が，**プラズマ振動** (plasma oscillation) である。プラズマ振動は，Langmuir らによってその機構が明らかにされた。以

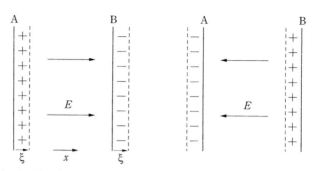

(a) 電子群が右側に変位したとき　　(b) 電子群が左側に変位したとき

図 4.2　プラズマ振動

下では，モデルを用いてプラズマ振動の説明を行う．

　いま，一様に分布した電子数密度 n_e のプラズマ中において，図 4.2 (a) のように，x 軸に垂直な 2 つの平面 A，B 間の電子群が何らかの原因で右方向（x の正方向）に ξ だけ変位したとする．このときイオンは動かないとすれば，面 A，B にはそれぞれ正と負の電荷が現れ，それによって電界 E が生じる．この E により電子群は引き戻されるが，慣性により，出発点を通り過ぎて左方向に変位する．このため，面 A，B には図 (b) のような電荷が現れ，電子群は再び右方向に駆動される．この繰返しがプラズマ振動である．このように，多数の粒子が相互作用のもとに組織的に行う運動を，一般に集団運動（collective motion）という．

　次にプラズマ振動を定量的に調べてみよう．図 4.2 (a) のように，電子群が x 方向に ξ だけ変位したとき，面 A，B に現れる表面電荷密度の大きさは $n_e e \xi$ である．この電荷による x 方向の電界 E は，平行平板コンデンサの場合と同様に，次式で与えられる．

$$E = \frac{n_e e \xi}{\varepsilon_0} \tag{4.8}$$

ただし，ε_0 は真空の誘電率である．A，B 間の各電子には $-eE$ の力が働くから，電子の運動方程式は，粒子間の衝突を無視すると

$$m_e \frac{\mathrm{d}^2 \xi}{\mathrm{d}t^2} = -eE = -\frac{n_e e^2}{\varepsilon_0}\xi \tag{4.9}$$

と書くことができる．この式は電子が単振動を行うことを示し，その角周波数 ω_{pe} は

$$\omega_{pe} = \left(\frac{n_e e^2}{\varepsilon_0 m_e}\right)^{1/2} \tag{4.10}$$

である．これを**電子プラズマ振動数**（plasma–electron frequency）または単に**プラズマ振動数**とよぶ．n_e を $[\mathrm{m}^{-3}]$ で表すと，**プラズマ周波数** $f_{pe}\,[\mathrm{Hz}]$ は次式で与えられる．

$$f_{pe} = \frac{\omega_{pe}}{2\pi} = 8.98\sqrt{n_e} \simeq 10\sqrt{n_e} \tag{4.11}$$

プラズマ周波数は，外部電界に対するプラズマの応答の速さを示している．例えば，地上から低い周波数の電波を電離層プラズマに送ると，その電界に応じてプラズマ中の電子群が移動し，電界を打ち消してしまう．このため，電波は反射されて地上に戻る（図4.3）．一方，電波の周波数がプラズマ周波数より十分高いと，電子群は電波の電界に応じて移動できない．このため，電波は電離層を透過する．電離層プラズマの電子数密度は $10^{12}\,\mathrm{m}^{-3}$ 程度であるから，人工衛星との通信には $10\,\mathrm{MHz}$ 程度以上の周波数を用いる必要がある．

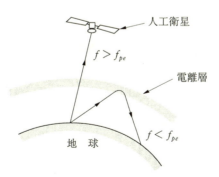

図 4.3　電離層による電波の反射

4.2.2 デバイ長,デバイ遮へい

プラズマ振動において,変位 ξ がおおよそどのくらいの大きさになるかを調べてみよう.4.2.1項では電子の熱運動を考慮しなかったが,実際には,各電子は x 方向に式 (4.3) の 1/3 すなわち $kT_e/2$ の熱運動エネルギーをもっている.このエネルギーが式 (4.8) で与えられる電界 E に逆らって電子を x 方向に変位させるのに用いられ,ξ の最大値が λ_D になったとすると

$$\frac{kT_e}{2} = \int_0^{\lambda_D} eE\mathrm{d}\xi = \frac{n_e e^2}{2\varepsilon_0}\lambda_D^2 \tag{4.12}$$

が成立する.この式から

$$\lambda_D = \left(\frac{\varepsilon_0 kT_e}{n_e e^2}\right)^{1/2} \tag{4.13}$$

が得られる.λ_D を**デバイ長** (Debye length) という.n_e を $[\mathrm{m}^{-3}]$,T_e を $[\mathrm{K}]$ で表すと,$\lambda_D\,[\mathrm{m}]$ は次式で与えられる.

$$\lambda_D = 69(T_e/n_e)^{1/2} \tag{4.14}$$

デバイ長はプラズマ中で電気的中性が崩れる寸法の目安を与えるが,この値は一般に小さい.例えば,蛍光灯の内部のプラズマでは,$n_e \simeq 2 \times 10^{17}\,\mathrm{m}^{-3}$,$T_e \simeq 10^4\,\mathrm{K}$,$\lambda_D \simeq 1.5 \times 10^{-5}\,\mathrm{m}$ である.

デバイ長はプラズマによる電界遮へいの場合にも現れる.例えば,正の点電荷をプラズマ中に挿入すると,プラズマ中の電子がそれに引き寄せられて集合する(図 4.4).その結果,点電荷の電界の及ぶ範囲は,点電荷のごく近傍に限られる.この電界遮へいの現象は,Debye と Hückel によって初めて解析されたので,**デバイ遮へい** (Debye shielding) とよばれる.解析によると,電界の及ぶ範囲は λ_D である.

4.2.3 式 (4.9) の成立条件

式 (4.9) の導出では,無衝突のほかに次のことを暗に仮定している.(1) 式 (4.9) は電気的に中性な空間内の変位に関するものであるから,粒子群が存在する空間の寸法 $L \gg \lambda_D$ を仮定している.(2) λ_D だけ変位した空間内に多数の電子が存在しなければ,式 (4.8) は成立しない.したがって電子間の平均距

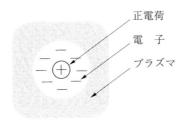

図 4.4　デバイ遮へい

離 $n_e^{-1/3} \ll \lambda_D$ を仮定している．デバイ遮へいの場合にも，半径 λ_D の球内に多数の電子が存在するという $1 \ll n_e \lambda_D^3$ を仮定している．1 個や 2 個の電子では，完全な電界遮へいはできない．

(1) と (2) の条件を 1 つにまとめると

$$L \gg \lambda_D \gg n_e^{-1/3} \tag{4.15}$$

となる．この条件が成立する粒子系は全体として電気的にほぼ中性であり，プラズマ振動やデバイ遮へいに代表されるプラズマ特有の物理現象が発生する．照明などに用いられている放電の発光領域のほとんどが，この条件を満足している．例えば，蛍光灯では $L \simeq 10^{-2}$ m, $\lambda_D \simeq 1.5 \times 10^{-5}$ m, $n_e \lambda_D^3 \simeq 7 \times 10^2 \gg 1$ である．宇宙空間でも式 (4.15) が成立する．例えば，地球近傍における太陽風では，$n_e \simeq 5 \times 10^6$ m^{-3}, $T_e \simeq 10^5$ K, $\lambda_D \simeq 10$ m, $n_e \lambda_D^3 = 5 \times 10^9 \gg 1$ である．$\lambda_D \simeq 10$ m は，宇宙空間のスケールに比べるときわめて小さい．

4.3　流体方程式

プラズマ中にはきわめて多数の粒子が存在するので，プラズマ現象を理論的に調べる場合には，通常，流体力学の基礎方程式すなわち**流体方程式**（fluid equations）が用いられる．この式は，流体（気体と液体を一括して流体という）の運動を調べるために導かれたもので，多数の粒子が頻繁に衝突を行っている系の解析に適している．ただし，電気的に中性の流体に関するものであるから，プラズマ用に書き直す必要がある．本節では流体方程式を説明し，次節でプラズマ用の流体方程式を導く．次に流体方程式を示す．

$$\frac{\partial \rho}{\partial t} + \nabla \cdot (\rho \boldsymbol{u}) = 0 \tag{4.16}$$

$$\rho \left\{ \frac{\partial \boldsymbol{u}}{\partial t} + (\boldsymbol{u} \cdot \nabla)\boldsymbol{u} \right\} = -\nabla p + \boldsymbol{f} \tag{4.17}$$

$$p\rho^{-\gamma} = \text{const.} \quad （断熱変化の場合） \tag{4.18}$$

ただし，ρ は質量密度，$\boldsymbol{u}$ は流速，p は圧力，$\boldsymbol{f}$ は単位体積の流体に働く外力（例えば，重力加速度 $\boldsymbol{g}$ が働く場合には $\boldsymbol{f} = \rho\boldsymbol{g}$），$\gamma = C_p/C_v$，$C_p$：定圧比熱，$C_v$：定積比熱である．また

$$\nabla \cdot (\rho \boldsymbol{u}) = \frac{\partial (\rho u_x)}{\partial x} + \frac{\partial (\rho u_y)}{\partial y} + \frac{\partial (\rho u_z)}{\partial z} \tag{4.19}$$

$$(\boldsymbol{u} \cdot \nabla)\boldsymbol{u} = \left(u_x \frac{\partial}{\partial x} + u_y \frac{\partial}{\partial y} + u_z \frac{\partial}{\partial z} \right) \boldsymbol{u} \tag{4.20}$$

$$\nabla p = \hat{x} \frac{\partial p}{\partial x} + \hat{y} \frac{\partial p}{\partial y} + \hat{z} \frac{\partial p}{\partial z} \tag{4.21}$$

である．ただし，$\hat{x}$, $\hat{y}$, $\hat{z}$ はそれぞれ，x, y, z 方向の単位ベクトルである．

式 (4.16) を連続方程式，式 (4.17) を運動方程式，式 (4.18) をエネルギー方程式という．方程式は合計 5 個（運動方程式は各成分に分けると 3 個）あるので，5 個の未知量 ρ, p, $\boldsymbol{u}$ は完全に決定される．ρ, p が決まれば，温度 T と粒子数密度 n は，$\rho = mn$, $p = nkT$ から求められる．式 (4.16) と (4.17) は後で用いるので，次にその導出法を示す．

〔連続方程式の導出〕

流体内の任意の点 $\mathrm{A}(x, y, z)$ において，図 4.5 に示すように，x 方向に Δx, y 方向に Δy, z 方向に Δz の長さの直方体を考え，この内部の質量の単位時間当りの変化を調べる．ただし，Δx, Δy, Δz はきわめて小さいとする．

まず，流れの x 成分による質量の変化について考える．x 軸に垂直な面 S における密度を $\rho(x)$ または略して ρ とし，x 方向の流速を $u_x(x)$ または略して u_x とすると，面 S を通って直方体に単位時間ごとに流入する質量は，$\rho u_x \Delta y \Delta z$ である．

また，x 軸に垂直な面 S′ における密度を ρ', x 方向の流速を u_x' とすると

$$\rho' = \rho(x + \Delta x) = \rho(x) + \frac{\partial \rho}{\partial x} \Delta x \tag{4.22}$$

$$u_x' = u_x(x + \Delta x) = u_x(x) + \frac{\partial u_x}{\partial x}\Delta x \tag{4.23}$$

である．ただし，この式の導出にはテイラー展開を用い，かつ，$(\Delta x)^2$ 以上の項を無視した．したがって流れの x 成分による直方体内の質量の単位時間ごとの増加は

$$(\rho u_x - \rho' u_x')\Delta y \Delta z = -\frac{\partial}{\partial x}(\rho u_x)\Delta x \Delta y \Delta z \tag{4.24}$$

となる．y 成分，z 成分についても同形の式が成立する．それらを加え合わせたものが $(\partial \rho/\partial t)\Delta x \Delta y \Delta z$ に等しいから，単位体積当りでは式 (4.16) が成立する．

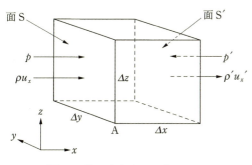

図 4.5 微小直方体への流体の流出入および圧力

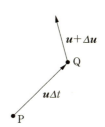

図 4.6 微小時間後の流体の速度

〔運動方程式の導出〕

物体の運動については

$$(\text{質量}) \times (\text{加速度}) = (\text{力}) \tag{4.25}$$

の関係がある（ニュートンの第 2 法則）．これを流体に適用する．

まず加速度について考える．川の流れを見ればわかるように，流速は位置と時刻 t との関数である．そこで，流体内の任意の点 $\mathrm{P}(x,y,z)$ における時刻 t での流速を $\boldsymbol{u}(x,y,z,t)$ とする．このとき，点 P にあった流体は微小時間 Δt の間に $\boldsymbol{u}\Delta t$ だけ動くから，時刻 $t + \Delta t$ には，図 4.6 に示すように，点 $\mathrm{Q}(x + u_x \Delta t, y + u_y \Delta t, z + u_z \Delta t)$ に来ている．$t + \Delta t$ における点 Q での流

速 $u + \Delta u$ は

$$u + \Delta u = u(x + u_x \Delta t, y + u_y \Delta t, z + u_z \Delta t, t + \Delta t)$$
$$= u(x, y, z, t) + \frac{\partial u}{\partial x} u_x \Delta t + \frac{\partial u}{\partial y} u_y \Delta t + \frac{\partial u}{\partial z} u_z \Delta t + \frac{\partial u}{\partial t} \Delta t \tag{4.26}$$

と書ける．ただし，$(\Delta t)^2$ 以上の項は無視した．$\Delta t \to 0$ のときの $(\Delta u/\Delta t)$ により加速度を求めると，式 (4.17) の左辺が得られる．

次に，式 (4.25) の右辺の力について考える．図 4.5 において面 S に作用する圧力を $p(x)$ または略して p とすると，面 S′ に作用する圧力 p' は $p' = p(x + \Delta x) = p(x) + (\partial p/\partial x)\Delta x$ であるから，圧力によって，直方体内の流体に働く x の正方向の力は $(p - p')\Delta y \Delta z = -(\partial p/\partial x)\Delta x \Delta y \Delta z$ となる．y 方向，z 方向についても同形の式が成立する．したがって単位体積当りの力は式 (4.17) の右辺第 1 項となる．

ここで，式 (4.17) の左辺第 2 項について考察する．簡単のため流速は x 成分だけとすると，$\rho(u \cdot \nabla)u = (\rho/2)(\partial u^2/\partial x)$ となる．この項は u^2 を含むため，u が小さい場合には他の項に比べてきわめて小さくなる．例えば，右辺第 1 項 ∇p との比はおおよそ u^2/v^2 である．したがって u が小さい場合の運動方程式は次のようになる．

$$\rho \frac{\partial u}{\partial t} = -\nabla p + f \tag{4.27}$$

4.4 プラズマの流体方程式

式 (4.16)〜(4.18) を利用すると，プラズマを構成する各種気体の流体方程式を導くことができる．ここでは，紙面の都合上，電子気体の流体方程式についてだけ説明する．

a. 電子気体の連続方程式

式 (4.16) を参照すると，電子気体の連続方程式として次式が得られる．

$$\frac{\partial \rho_e}{\partial t} + \nabla \cdot (\rho_e u_e) = 0 \tag{4.28}$$

$\rho_e = m_e n_e$ であるから，式 (4.28) は

$$\frac{\partial n_e}{\partial t} + \nabla \cdot (n_e \boldsymbol{u}_e) = 0 \tag{4.29}$$

と書ける．電子と中性粒子との衝突により電離が生じる場合には，上式は

$$\frac{\partial n_e}{\partial t} + \nabla \cdot (n_e \boldsymbol{u}_e) = \nu_g n_e \tag{4.30}$$

となる．ただし，ν_g は各電子が単位時間ごとに行う平均的な電離の回数であり，**電離頻度**または**電離周波数**（ionization frequency）とよばれる．

b. 電子気体の運動方程式

通常 $u_e \ll v_e$ であるから，式 (4.27) を参照して電子気体の運動方程式を導く．この場合，外力 $\boldsymbol{f}$ として次の 2 つの力を考慮しなければならない．その 1 つは，電子が電界と磁界とから受ける力 $\boldsymbol{f}_L$ であり，もう 1 つは，電子が衝突を通じて中性気体から受ける力 $\boldsymbol{f}_e$ である．

$\boldsymbol{f}_L$ は，電界を $\boldsymbol{E}$，磁束密度を $\boldsymbol{B}$ とすれば，次式で与えられる．

$$\boldsymbol{f}_L = -en_e(\boldsymbol{E} + \boldsymbol{u}_e \times \boldsymbol{B}) \tag{4.31}$$

ただし，e は電子の電荷の絶対値である．$\boldsymbol{f}_L$ を**ローレンツ力**（Lorentz force）という．

$\boldsymbol{f}_e$ は，弱電離プラズマの場合には，式 (2.11) により

$$\boldsymbol{f}_e = -m_e n_e \nu_e \boldsymbol{u}_e = -\rho_e \nu_e \boldsymbol{u}_e \tag{4.32}$$

で与えられる．ただし，これは中性気体の流速 $\boldsymbol{u}_n$ がゼロの場合である．$\boldsymbol{u}_n$ がゼロでなければ，上式の $\boldsymbol{u}_e$ の代りに $(\boldsymbol{u}_e - \boldsymbol{u}_n)$ とする．

以上により，電子気体の運動方程式は次のようになる．

$$\rho_e \frac{\partial \boldsymbol{u}_e}{\partial t} = -\nabla p_e - en_e(\boldsymbol{E} + \boldsymbol{u}_e \times \boldsymbol{B}) + \boldsymbol{f}_e \tag{4.33}$$

c. 電子気体のエネルギー方程式

断熱変化の場合には，式 (4.18) の p，ρ に添え字 e をつける．

イオン気体，中性気体の方程式も，以上と同様にして導くことができる．これらの方程式を**プラズマの流体方程式**（fluid equations of plasmas）という．流体方程式の適用範囲は広く，実用上重要な多くのプラズマ現象を説明できる．なお，式 (4.33) には $\boldsymbol{E}$，$\boldsymbol{B}$ が含まれているので，必要に応じて電磁気学におけるマクスウェルの方程式を用いる．

〔補足〕流体方程式によるプラズマ振動の解析

プラズマの流体方程式を利用すると，モデルを用いずに式 (4.9) を導くことができる．この手法は，プラズマ中における波動の解析などに広く用いられている．ところで，4.2.1 項では次のことを仮定している．(1) $B = 0$．(2) 電子は x 方向にだけ運動し，熱運動はない．(3) イオンは一様に分布して動かない．(4) 電子が変位する前の平衡状態では，空間は電気的に中性で $n_e = n_i$ である．(5) 粒子間の衝突はない．したがって電離もない．

以上の仮定のもとでは，式 (4.29)，(4.33) はそれぞれ次のようになる．

$$\frac{\partial n_e}{\partial t} + \frac{\partial}{\partial x}(n_e u_e) = 0 \tag{4.34}$$

$$m_e \frac{\partial u_e}{\partial t} = -eE \tag{4.35}$$

また，電磁気学のガウスの法則 $\nabla \cdot \boldsymbol{E} = \sigma/\varepsilon_0$，$\sigma$：電荷密度により

$$\frac{\partial E}{\partial x} = \frac{e(n_i - n_e)}{\varepsilon_0} \tag{4.36}$$

が成立する．ここで，n_e，u_e，E を平衡量と微小変動量とに分け，

$$n_e = n_0 + n_1, \quad u_e = u_0 + u_1, \quad E = E_0 + E_1 \tag{4.37}$$

とおく．ただし，添字 0 と 1 はそれぞれ平衡量と変動量を示す．仮定により，$n_0 = n_i$，$u_0 = E_0 = 0$ である．式 (4.37) を式 (4.34)～(4.36) に代入し，2次の微小量 $n_1 u_1$ を無視すると

$$\frac{\partial n_1}{\partial t} + n_0 \frac{\partial u_1}{\partial x} = 0 \tag{4.38}$$

$$m_e \frac{\partial u_1}{\partial t} = -eE_1 \tag{4.39}$$

$$\frac{\partial E_1}{\partial x} = -\frac{en_1}{\varepsilon_0} \tag{4.40}$$

が得られる．式 (4.38) を t で微分し，これに式 (4.39) を x で微分したものと式 (4.40) とを代入すると

$$m_e \frac{\partial^2 n_1}{\partial t^2} = -\frac{n_0 e^2}{\varepsilon_0} n_1 \tag{4.41}$$

が導かれる．これは式 (4.9) と同形である．

> **・POINT・**
> 1. プラズマ中には，電子，イオンおよび中性粒子が混在している．それぞれの集団を電子気体，イオン気体，中性気体という．各気体の温度は一般に異なる．
> 2. プラズマには電気的中性を保つ性質がある．このため，プラズマ振動やデバイ遮へいなどの現象が生じる．
> 3. プラズマ現象を理論的に調べるには，プラズマの流体方程式が有用である．

演 習 問 題

4.1 $T_e = 10^4\,\mathrm{K}$ のプラズマにおける電子の熱速度を求めよ．

4.2 低気圧放電プラズマでは，電子温度がイオン温度や中性気体の温度よりもはるかに高い．その理由を説明せよ．

4.3 図 4.2 のモデルによりプラズマ振動数 ω_{pe} の理論式を導け．ただし，電子の数密度を n_e とする．

4.4 $n_e = 10^{12}\,\mathrm{m}^{-3}$，$T_e = 500\,\mathrm{K}$ の電離層プラズマ中における，プラズマ周波数 f_{pe}，デバイ長 λ_D の値を求めよ．

5 放電プラズマ

本章では，前章で導いたプラズマの流体方程式などを用いて放電プラズマを理論的に調べ，基本的な特性を明らかにする．また，プラズマの温度や粒子数密度などの測定法も説明する．

5.1 低気圧放電プラズマ

実際に用いられている放電プラズマは，**低気圧放電プラズマ**と**高気圧放電プラズマ**に大別される．前者は 10 Torr 程度以下の気体中放電でつくられ，後者は 0.5 気圧程度以上の気体中放電でつくられる．本節では，前者について説明する．

5.1.1 低気圧放電のあらまし

低圧の気体を封入した放電管に火花電圧以上の直流電圧を加えると，放電管内の気体は絶縁破壊を起こし，過渡状態を経て定常的な放電状態に落ち着く．その状態での放電管の端子電圧 V_T は，放電電流 I によって変わる．その一例を図 5.1 に示す．図の各領域の放電を**正常グロー**（normal glow），**異常グロー**（abnormal glow）および**アーク**（arc）という．

図 5.2 (a) に，封入気圧が 1 Torr 程度のグロー放電におけるおおよその発光状況と各部の名称を示す．発光の状況は，封入気圧，放電電流によって変わる．同図 (b) に，静電探針（後述）などで測定した管軸に沿っての電位分布を示す．陰極および陽極近傍の電圧降下 V_K, V_A を，それぞれ**陰極降下**（cathode drop），**陽極降下**（anode drop）という．

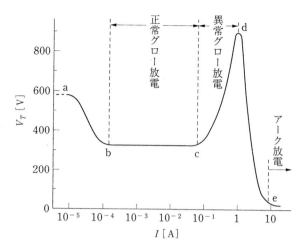

図 5.1 低気圧放電の電圧-電流特性

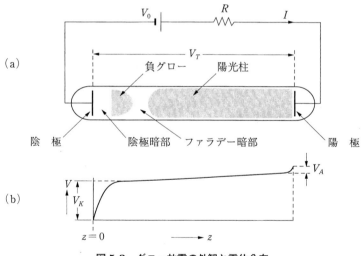

図 5.2 グロー放電の外観と電位分布

a. グロー放電

　グロー放電については以前から多くの研究がなされている．それによると，陰極からの電子放出は，グロー放電の状態でも気体放電開始のときと同じよう

に，γ作用によって行われる．すなわち，陰極を出発した電子は，陰極前面の高電界で加速され，気体分子と衝突して励起や電離を行う．このとき発生した正イオンは陰極に流入して電子を放出する．この繰返しで放電は維持される．電離が行われる場所については，陰極暗部という説と**負グロー**（negative glow）という説とがある．励起がさかんに行われるのは，強く発光する負グローである．

正常グロー放電の場合には，陰極面の一部分だけで放電が行われ，電流が増えると電流密度が一定のまま放電面積が増す．この状態での V_K の大きさは，パッシェン曲線における最小火花電圧程度であり，電流によってあまり変化しない．電流がさらに増えると，ついには陰極全面で放電が行われるようになる．

電流がこれ以上になると V_K が上昇し，電流密度が増える．この状態が異常グロー放電である．V_K の実験式の一例を次に示す[3]．

$$V_K = V_0 + \frac{K\sqrt{j}}{p_0} \tag{5.1}$$

ただし，V_0, K は気体の種類によって決まる定数で，j は電流密度である．これからわかるように，j を大，p_0 を小にすると，V_K が上昇する．これにより，陰極に入射するイオンのエネルギーが大きくなると，スパッタリングが顕著となる．**スパッタリング**（sputtering）とは，加速された粒子が固体表面に衝突したとき，固体を構成する原子や分子が空間へはじき出される現象のことである[11]．この現象は，薄膜の製作などに広く利用されている．そのときの p_0 は $10^{-1} \sim 10^{-2}$ Torr である．長時間使用した蛍光灯の電極付近が黒ずんで見えるのは，スパッタリングによる電極物質が管壁に蒸着したためである．

b. アーク放電

異常グロー放電よりもさらに放電電流を増すと，陰極降下 V_K は $10 \sim 20$ V 程度に低下する．この状態がアーク放電である．アーク放電では，陰極面のごく近傍に**陰極点**（cathode spot）とよばれる小さな輝点が生じ，放電電流はその中に集中して流れる．このため，陰極点での電流密度はきわめて大きく，タングステン陰極の場合 10^4 A/cm^2，銅陰極の場合 10^7 A/cm^2 以上という報告もある．気圧が高いと，陽極面上にも**陽極点**（anode spot）とよばれる輝点が生じる．電流の集中により，電極は局部的に加熱され，沸点の低い電極は金属

蒸気を放出する．

　陰極点で高密度の電流が供給される機構としては，γ 作用のほかに，熱電子放出，電界放出などが考えられている．電界放出とは，陰極面と垂直方向に高電界が印加されると電子が放出される現象のことである．電流が放出される領域などの寸法が 10^{-5} cm 程度と小さくて測定が困難なため，電極近傍の現象は未解決の問題が多い．

c. 陽光柱

　明るく輝く**陽光柱**（positive column）の内部はプラズマ状態である．実測によると，電流が増えるとそれにほぼ比例して陽光柱内の電子やイオンの数が増える．このとき陽光柱の電圧降下はあまり変化しない．正常グローから異常グローやアーク放電の状態になるとき，図 5.1 のように V_T が大きく変化するのは，主として V_K が電流によって変化するためである．

d. プラズマの温度

　低圧気体の RF 放電やグロー放電などによって得られるプラズマの温度は，図 5.3 (a) のように空間的にほぼ一様で，$T_e \gg T_i \simeq T_n$ である．T_i や T_n が低いことから，**低温プラズマ**または**コールドプラズマ**（cold plasma）とよばれる．

　一方，高気圧放電はストリーマの進展によって開始され，放電電流は狭い通路に集中する．これにより電極の局部加熱が起こるため，電極の冷却など特別の方法を用いない限り，放電開始後ただちにアーク放電になり，大きい電流が

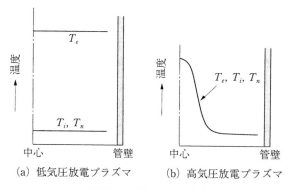

(a) 低気圧放電プラズマ　　(b) 高気圧放電プラズマ

図 5.3　温度の半径方向分布

流れる．

電流の集中により気体も局部的に加熱され，プラズマの温度は，図 (b) のように，空間的に不均一となる．しかし，粒子間の衝突がきわめて頻繁に行われるため，各場所での T_e, T_i, T_n はほぼ等しい．T_i や T_n が高いことから**熱プラズマ** (thermal plasma) とよばれる．なお，バリヤ放電やコロナ放電は高気圧中で行われるが，ストリーマの発生が間欠的であり，電流も小さい．このため，T_i, T_n は一般に低い．しかし，周波数が高くなると，バリヤの部分（コロナ放電では，電極から離れた電離していない部分）の静電容量を通して電流が流れやすくなるので，熱プラズマになる．

5.1.2 弱電離プラズマ中における輸送現象

a. 拡散係数，移動度

陽光柱プラズマの解析に入る前に，温度分布が一様な弱電離プラズマ中における電子気体とイオン気体の運動を調べておく．ただし，次の場合について考える．(1) 定常状態．(2) $v_s^2 \gg u_s^2$. ただし，v_s は熱速度，u_s はドリフト速度（流速），$s = e, i$. (3) 中性気体のドリフト速度は電子やイオンのそれに比べて無視できる．(4) 磁界の影響は無視できる．

以上の条件により，電子気体およびイオン気体の運動方程式は

$$0 = -\nabla p_s \pm en_s \boldsymbol{E} - m_s n_s \nu_s \boldsymbol{u}_s \tag{5.2}$$

となる．ただし，右辺第 2 項の ＋ はイオン気体，− は電子気体の場合である．

温度 T_s が空間的に一様ならば，$\nabla p_s = kT_s \nabla n_s$ であるから，式 (5.2) を $m_s \nu_s$ で割ると

$$n_s \boldsymbol{u}_s = -D_s \nabla n_s \pm n_s \mu_s \boldsymbol{E} \tag{5.3}$$

が得られる．ただし，

$$D_s = kT_s/(m_s \nu_s) \tag{5.4}$$

$$\mu_s = e/(m_s \nu_s) \tag{5.5}$$

である．式 (5.3) において $\nabla n_s = 0$ とすれば

$$\boldsymbol{u}_s = \pm \mu_s \boldsymbol{E} \tag{5.6}$$

となる．μ_s を**移動度** (mobility) という．また式 (5.3) において $\boldsymbol{E} = 0$ とすれば

$$n_s \boldsymbol{u}_s = -D_s \nabla n_s \tag{5.7}$$

となる．これは，密度勾配があると粒子流が生じることを示している．この現象を**拡散** (diffusion) といい，D_s を**拡散係数** (diffusion coefficient) という．式 (5.4)，(5.5) から次の関係が導かれる．

$$\frac{D_s}{\mu_s} = \frac{kT_s}{e} \tag{5.8}$$

これを**アインシュタインの関係式** (Einstein's relation) という．

以上のように，電界や密度勾配などにより巨視的な流れが生じる現象を，**輸送現象**といい，D_s，μ_s などを**輸送係数**という．考察しているプラズマの電離度は低いので，中性気体の数密度 n_n は空間的にほぼ一様に分布している．T_s も一様であるから，衝突周波数 $\nu_s = \sigma_s v_s n_n$（σ_s は荷電粒子と中性粒子間の衝突断面積）も一様となる．したがって，D_s，μ_s を場所によらない定数として扱える．このため，低気圧放電プラズマの解析には式 (5.3) の表式がよく用いられる．

b. ボルツマン分布

$\boldsymbol{u}_s = 0$ の場合には，式 (5.2) は

$$\nabla p_s = \pm e n_s \boldsymbol{E} \tag{5.9}$$

となる．簡単のため，p_s と空間の電位 V が x 方向にだけ変化しているとすると，$E = -dV/dx$ であるから，式 (5.9) は

$$\frac{dp_s}{dx} = kT_s \frac{dn_s}{dx} = \mp e n_s \frac{dV}{dx} \tag{5.10}$$

となる．これより

$$n_s = n_0 \exp\left(\mp \frac{eV}{kT_s}\right) \tag{5.11}$$

が得られる．ただし，n_0 は $V = 0$ の場所の n_s の値であり，右辺の － 符号はイオン気体，＋ 符号は電子気体の場合である．式 (5.11) の形の分布は熱平衡状態において一般に成立するものであり，**ボルツマン分布** (Boltzmann distribution) という．

5.1 低気圧放電プラズマ　　83

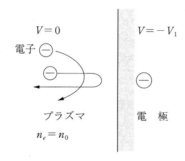

図 5.4　負電位の電極による電子の追返し

いま，熱平衡状態のプラズマ中にきわめて小さい平板状の電極を挿入し，プラズマに対して $V = -V_1 (V_1 > 0)$ の電位にしたとする（図 5.4）．このとき，低エネルギーの電子は電極の電界によって追い返されるので，電極表面の電子の数は減る．このときの n_e は式 (5.11) により求められ，$n_e = n_0 \exp(-eV_1/kT_e)$ となる．

5.1.3　低気圧放電の陽光柱

次のような仮定のもとに陽光柱プラズマ内の荷電粒子数密度などを理論的に求める．(1) 放電管は内径 R の絶縁体である．(2) すべての物理量は半径 r だけの関数である．(3) 荷電粒子の平均自由行程 $\lambda_s (s = e, i)$ は R よりきわめて小さい．(4) D_s, μ_s は空間的に一様である．(5) 電離による電子の発生数は，単位時間，単位体積当り $\nu_g n_e$ である．(6) 再結合は管壁だけで行われる．(7) プラズマ中のイオンはすべて 1 価の正イオンである．(8) 式 (5.3) を導く際の条件は満足されている．

a.　両極性拡散

放電管内で発生した荷電粒子は管壁での再結合で失われるので，管壁に近いほど n_s は小さい．n_s に勾配があると拡散が生じ，荷電粒子は中性粒子と衝突を繰り返しながら半径方向へ移動する．まず，この半径方向の運動を調べてみよう．プラズマ中では電気的中性がほぼ保たれているので，$n_e = n_i = n$ とおくと，式 (5.3) の半径方向成分は

$$nu_{er} = -D_e(\partial n/\partial r) - \mu_e n E_r \tag{5.12}$$

$$nu_{ir} = -D_i(\partial n/\partial r) + \mu_i n E_r \tag{5.13}$$

となる．さらに，プラズマ中では $u_{er} = u_{ir}$ とおける．それは，移動度の大きな電子が先行しようとすると，とり残されたイオンとの間に電界が発生し，電子は減速され，イオンは加速される．その結果，電子とイオンは一体となって半径方向に移動するからである．式 (5.12)，(5.13) において，$u_{er} = u_{ir} = u_r$ とおくと

$$E_r = \frac{D_i - D_e}{\mu_i + \mu_e} \frac{1}{n} \frac{\partial n}{\partial r} \tag{5.14}$$

$$nu_r = -D_a \frac{\partial n}{\partial r} \tag{5.15}$$

が得られる．ただし，

$$D_a = \frac{\mu_e D_i + \mu_i D_e}{\mu_i + \mu_e} \tag{5.16}$$

である．このように，電子とイオンが一体となって拡散する現象を**両極性拡散** (ambipolar diffusion) といい，D_a を**両極性拡散係数**という．式 (5.8) を用いると，$\mu_e \gg \mu_i$，$T_e \gg T_i$ の場合には，式 (5.16) は

$$D_a \simeq \mu_i \left(\frac{D_i}{\mu_i} + \frac{D_e}{\mu_e} \right) \simeq \mu_i \frac{D_e}{\mu_e} = \mu_i \frac{kT_e}{e} \tag{5.17}$$

と書ける．電子がイオンに引き止められ，$D_a \simeq (\mu_i/\mu_e)D_e \ll D_e$ となる．

b. 陽光柱内の電子数密度分布

定常状態を考えているので，荷電粒子の連続方程式は $\nabla \cdot (n\boldsymbol{u}) = \nu_g n$ となる．この式を円柱座標で表すと，半径方向成分は

$$\frac{1}{r} \frac{\partial}{\partial r}(rnu_r) = \nu_g n \tag{5.18}$$

となる．これに式 (5.15) を代入すると

$$\frac{\partial^2 n}{\partial r^2} + \frac{1}{r} \frac{\partial n}{\partial r} + \frac{\nu_g}{D_a} n = 0 \tag{5.19}$$

が得られる．これは，有名なベッセルの微分方程式である．この方程式の解はよく調べられていて

$$n = n_0 J_0 \left(\sqrt{\frac{\nu_g}{D_a}} r \right) \tag{5.20}$$

で与えられる．ただし，n_0 は $r=0$ での n の値である．また，$J_0(x)$ はゼロ次のベッセル関数とよばれるもので，x とともに図 5.5 のように変化する．管壁 $r=R$ で $n=0$ とすると，$J_0(x)$ のゼロ点は，$x=2.4$ であるから

$$\sqrt{\frac{\nu_g}{D_a}}R = 2.4 \tag{5.21}$$

となる．したがって n は次式で与えられる．

$$n = n_0 J_0\left(2.4\frac{r}{R}\right) \tag{5.22}$$

この式の分布は，後述の静電探針による実測値とほぼ一致する．

c. 陽光柱の電子温度

式 (5.21) は電子の発生と拡散消滅とのバランスを記述した式であり，陽光柱における放電維持条件ともよばれる．この式から，T_e と p_0R との関係が求められる．しかし，計算がきわめて複雑なため，ここでは $e\lambda_e E_z \propto E_z/p_0 \propto kT_e$ を仮定して説明する．ただし，E_z は管軸方向の電界，λ_e は電子の平均自由行程である．

まず電離周波数 ν_g について考える．電子の衝突電離係数 α を用いると $\nu_g = u_e \alpha$ とおける．式 (2.13) により $u_e \propto (kT_e)^{1/2}$ であるから，α として式 (2.19) を用いると

$$\nu_g \propto p_0(kT_e)^{1/2}\exp\left(-\frac{G}{kT_e}\right) \tag{5.23}$$

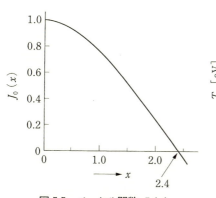

図 5.5 ベッセル関数 $J_0(x)$

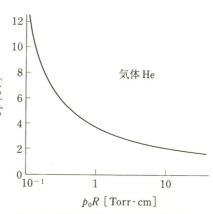

図 5.6 陽光柱の T_e と p_0R の関係

が得られる．ただし，G は定数である．次に D_a について考える．$T_i \simeq T_n = $ 一定とすれば，式 (2.8) の添え字 e を i に変えたものと，式 (5.5) により $\mu_i \propto p_0^{-1}$ が導かれる．したがって式 (5.17) は

$$D_a = \mu_i \left(\frac{kT_e}{e}\right) \propto \frac{kT_e}{p_0} \tag{5.24}$$

となる．式 (5.23)，(5.24) を式 (5.21) に代入すると，次式が得られる．

$$(p_0 R)^2 \propto (kT_e)^{1/2} \exp\left(\frac{G}{kT_e}\right) \tag{5.25}$$

この式は，(1) T_e は $p_0 R$ によって決まり，(2) $p_0 R$ が小さくなると T_e が大きくなることを示している．詳しい理論式によると，以上のことが定量的にわかる[3]．それによる計算例を図 5.6 に示す．

$p_0 R$ が小さいときに T_e が上昇するのは，次の理由による．$p_0 R (\propto R/\lambda_e)$ が小さいと，電子は管壁に到達しやすくなり，電子の損失が増大する．これを補給して放電を維持するためには，T_e が大でなければならない．T_e が大ならば，衝突電離も盛んになり，多数の電子がつくられる．この応用例が蛍光灯である．蛍光灯では，励起や電離の発生頻度を大にして強い光を得るため，管径を小さくしてある．ただし，管径を小さくすると，管壁への電子の損失が増大し，点灯（放電開始）が難しくなる．このため，ペニング効果を利用するとともに，点灯時に電極から熱電子を放出させたり，過電圧を印加するなどの方法が用いられている．

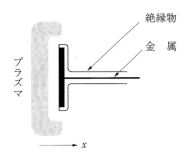

図 5.7　平面電極の探針（断面図）

5.2 静電探針

本節では，前節で考察した電子数密度，電子温度などの実測法について述べる．プラズマの実験的研究では，通常さまざまな方法により電子気体やイオン気体の数密度，温度や電界，磁界などを測定し，それらを総合してプラズマの状況や振舞いを判断する．これを**プラズマ診断**（plasma diagnostics）という．近年，多くの測定法が開発されているが，ここでは，プラズマの測定に最も広く用いられているものの1つである静電探針法について説明する．この方法では，プラズマ中に小さな**静電探針**（または静電プローブ，electrostatic probe）を挿入して，電子温度などを測定する．図 5.7 に静電探針の一例を示す．このように，電極が 1 個の探針を，考案者の名に因んでラングミュア探針ともよぶ．図には平面電極の場合が示してあるが，円筒形や球形の電極も用いられる．以下では，理論的に取り扱いやすい平面電極の探針について述べる．

さて，探針を図 5.8 のように放電管内に挿入し，電圧 V_P を変えて電流 I_P を測定すると，図 5.9 のような特性が得られる．ただし，I_P が負の領域は拡大して示してある．次に，この特性の各領域について説明する．

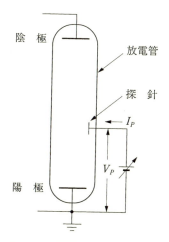

図 5.8 探針測定の基本回路

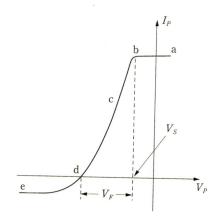

図 5.9 探針特性

(1) ab の領域

この領域では，探針電極の電位 V_P がプラズマの電位よりも高い．このため，図 5.7 において，x の正方向の速度成分をもつ電子は，すべて電極に捕捉される．したがって V_P を変えても I_P はあまり変化しない．この I_P を**電子飽和電流**という．次に，電子数密度が n_0 のプラズマにおける電子飽和電流を求めてみよう．電子は熱運動を行っていて，x の正方向の速度成分をもつ電子は，単位体積当り $n_0/2$ である．それらは，x 方向ばかりでなく，これと垂直方向にも運動するので，電極に流入する平均速度は $v_e/2$ と推定される．したがって，電極には単位面積当り，単位時間ごとに $(n_0/2) \times (v_e/2)$ 個の電子が流入する．以上により，電子飽和電流 I_{es} は，電極面積を S とすると

$$I_{es} = \frac{en_0 v_e S}{4} \tag{5.26}$$

で与えられる．これは，マクスウェル分布の式を用いて正確に求めた値にほぼ等しい．

(2) bc の領域

V_P が点 b 以下に下がると，I_P が減り始める．これは，V_P がプラズマに対して負になり，低エネルギーの電子が追い返されるためである．したがって，点 b における V_P の値は，探針電極の位置におけるプラズマの電位 V_S に等しい．この V_S を，**空間電位** (space potential) という．

$V_S > V_P$ の場合は図 5.4 に相当し，V_1 に相当するものは $(V_S - V_P)$ であるから，bc の領域における I_P は

$$I_P = I_{es} \exp\left\{\frac{e(V_P - V_S)}{kT_e}\right\} \tag{5.27}$$

で与えられる．正確には，イオン電流 $en_0 v_i S/4$ が加わる．上式の対数をとると

$$\ln I_P = \ln I_{es} - \frac{eV_S}{kT_e} + \frac{eV_P}{kT_e} \tag{5.28}$$

が得られる．$\ln I_P$（または $\log_{10} I_P$）と V_P のグラフは直線となり，T_e はその勾配から求められる（演習問題 5.4）．T_e により v_e がわかり，その値を式 (5.26) に代入すると n_0 がわかる．

Langmuir らが実測した探針特性を図 5.10 に示す．Langmuir は，これにより T_e や n_0 の測定に成功するとともに，グラフがきれいな直線になることか

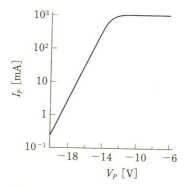

図 5.10 Langmuir らの測定例

ら，プラズマ中の電子がマクスウェル分布になっていることを知ったのである．

(3) d の領域

ここでは，探針に流入する電子流とイオン流とが等しくなり，$I_P = 0$ となる．このとき，図 5.9 のように，探針は V_S より V_F だけ負電位になっている．V_F は探針を外部回路から切り離したときに生ずる電位に等しいことから，**浮動電位**（floating potential）とよばれる．ただし，$I_P = 0$ のときの探針電圧 V_P を浮動電位ということもある．

探針に限らず，外部と絶縁した物体をプラズマ内に挿入すると，速度の大きい電子がこれに付着し，その物体はプラズマより V_F だけ負電位になる．V_F により物体に流入する電子流は抑制され，イオン流と等しくなる．宇宙空間の人工衛星や，コンデンサを通してプラズマ内に挿入された電極が周囲よりも負電位になるのは，以上の理由による．

(4) e の領域

この領域では，探針電極が十分負電位のため電子はほとんど追い返され，V_P を多少変えても I_P はほとんど変化しない．この I_P をイオン飽和電流という．イオン電流も電子と同様にして求められる．ただし，T_i がきわめて低いプラズマでは，式 (5.2) を導く際に用いた仮定 $v_i^2 \gg u_i^2$ が成立しなくなるので，注意が必要である[1]．

V_P が V_S よりも低くなると電子が追い返されるため，探針の近傍にイオン

過剰の層ができる．これを**イオンさや**，または**イオンシース**（ion sheath）という．特に e の領域のように探針が十分負電位になると，イオンさやの内部に電子がほとんど存在しなくなる．このため，電子と中性粒子との衝突による励起や電離がほとんど行われないので，発光が弱く，探針は暗いさや（鞘）で包まれているように見える．イオンさやの名称は，これに由来している．イオンさやに対し，$V_P > V_S$ の場合にできる電子過剰の層を，**電子さや**という．

5.3 高気圧放電プラズマ

5.3.1 熱電離

5.1.1 項 d で述べたように，高気圧放電では，放電開始後ただちにアーク放電になる．アーク放電には負グローやファラデー暗部は見られず，陰極点と陽極点は陽光柱（**アーク柱**ともよぶ）で結ばれる（図 5.11 参照）．棒電極を水平にして大気中でアーク放電を行うと，上昇気流によりアーク柱は弓形（arc, arch）になる．アークの名称はこれに由来する．

電流の集中により，アーク柱の温度は周囲より非常に高くなる．例えば，大気中で数十 A 以上の放電を行うと，10^4 K 程度になる．特に，アーク柱の表面を気流または水流によって強制的に冷却すると，アーク柱の半径は収縮し，温度はさらに上昇する．これを**熱ピンチ**（thermal pinch）という．

アーク柱内では粒子間の衝突が頻繁に行われるため，T_e, T_i, T_n はほぼ等しい．また，電子の平均自由行程 λ_e がきわめて小さいため，相次ぐ衝突間に

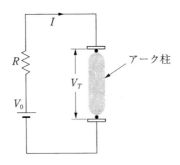

図 5.11　アーク放電

電子が電界から得るエネルギー $e\lambda_e E_z$ は，各粒子の熱運動エネルギー kT_e などよりもはるかに小さい．したがって，電離は主として熱運動による粒子間の衝突によって生じる．これを**熱電離** (thermal ionization) という．気体の燃焼によっても熱電離が生ずる．アーク柱の温度上昇につれて電離度が増す．

〔補足〕 サハの式

中性粒子，1価イオンおよび電子で構成された熱平衡状態のプラズマの電離度 $\chi = n_i/(n_i + n_n)$ は，次式で与えられる．

$$\frac{\chi^2}{1-\chi^2} = 5.0 \times 10^{-4} \frac{T^{5/2}}{p} \exp\left(-\frac{eV_g}{kT}\right) \tag{5.29}$$

ただし，T：プラズマの温度 [K]，p：プラズマの圧力 [Torr]，V_g：中性粒子の電離電圧 [V] である．この式は M.N. Saha（インドの天体物理学者）によって導かれたため，**サハの式**とよばれている．$T = 5 \times 10^3$ K, $p = 760$ Torr, $V_g = 10$ V を代入すると，$\chi \simeq 10^{-4}$ が得られる．

5.3.2　アーク放電の垂下特性

放電電流が比較的小さい場合には，アーク電圧 V_T は，図 5.12 に示すように，電流の増加につれて低下する．これを**垂下特性** (drooping characteristics) という．この場合には，回路を工夫しないとアークを安定に維持できない．その理由を次に示す．電源側の電圧電流特性 $V = V_0 - RI$ とアークの特性 $V = V_T(I)$

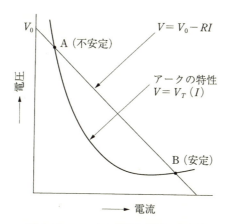

図 5.12　アークの特性と放電の安定性

は，図5.12のように，2点A，Bで交わる．この点では$V_0 - RI = V_T$が成立する．ところが，点Aにおいて何らかの原因で電流が少し増えたとすると，$V_0 - RI > V_T$となり，電流はますます増える．逆に，電流がわずかに減少したとすると，$V_0 - RI < V_T$となり，電流はますます減少する．したがって点Aの状態は不安定であり，実際には存在できない．これに対し，点Bは安定である．以上からわかるように，放電を安定に維持するには，電源はアークよりも強い垂下特性をもつ必要がある．

なお，図5.12にはアーク電圧が電流とともに滑らかに低下する場合が示してあるが，電極の種類や大きさなどにより，ある電流値で階段状に低下することもある．一般に，アークの特性は，電極材料，ギャップ長，気体の種類，気圧などによって変わる．

電流が数十A以上になると，アーク電圧は電流とともに次第に上昇する．電流が大きいとアーク柱は激しく運動するので，その特性を調べるのが困難である．このため，温度を一定に保った細長い円筒内で放電を行ったり，アーク柱に沿って気流や水流をらせん状に流してアークの運動を抑制する．この方法によるアークを，**安定化アーク**という．これに対し，何もしないものを，自由アーク，自然アークなどとよぶ．

5.3.3 アーク柱の特性

グロー放電プラズマでは，その大部分を占める中性気体の温度が室温程度である．それに対し，高気圧放電のアーク柱では，周囲との温度差が非常に大きい．このため，アーク柱の解析では，熱の発生と損失を考慮に入れなければならない．いま，アーク柱に蓄えられた熱量をQ，アーク柱の抵抗をR，アーク柱の単位時間当りの熱損失をN_0とすると，次式が成立する．

$$\frac{dQ}{dt} = RI^2 - N_0 \tag{5.30}$$

定常状態では，$RI^2 = VI = N_0$となる．ただし，Vはアーク柱の端子電圧である．したがってアーク柱の電圧電流特性は$V = N_0/I$で決まる．例えば，気流でアーク柱を冷却すると，Vは大きくなる．実測によると，垂下特性領域の小電流自然アークでは，$VI = N_0$はほぼ一定である．

次に，電流が時間的に変化する場合について考える．式 (5.30) を利用するには，R と Q の間の関係式が必要であり，これについては O. Mayr（ドイツの科学者）によって次式が導かれている．

$$R \simeq A\exp(-Q/Q_0) \tag{5.31}$$

ただし，A は定数，Q_0 はアーク柱の周囲の温度などの関数である．この式の導出にはサハの式が用いられている．すなわち，サハの式により電気を運ぶ電子の数がわかるので，これを用いるとアーク柱の温度と R の関係が求められる．それに温度と Q の関係を代入すると，式 (5.31) が得られる[12]．

さて，Q_0 を定数とみなして式 (5.31) を t で微分すると

$$\frac{dQ}{dt} = -\frac{Q_0}{R}\frac{dR}{dt} = Q_0 R \frac{d}{dt}\left(\frac{1}{R}\right) \tag{5.32}$$

が得られる．これを式 (5.30) に代入すると

$$\frac{dG}{dt} + \frac{N_0}{Q_0}G = \frac{I^2}{Q_0} \tag{5.33}$$

となる．ただし，$G = 1/R$ である．式 (5.33) を**マイヤーの式**という．

この式を用いるとアークの時間変化を知ることができる．例えば，電流 I_0，端子電圧 V_0 なる直流アークの電流を，$t=0$ で $I=0$ にしたとき，電流急変後しばらくは，N_0 がほぼ一定とすれば，式 (5.33) から

$$R = R_0 \exp(t/\tau) \tag{5.34}$$

が得られる．ただし，$R_0 = V_0/I_0$ であり，τ は

$$\tau = Q_0/N_0 \tag{5.35}$$

で与えられる．τ を**アークの時定数**という．実測によると，空気の τ が $100\mu s$ 程度であるのに対し，SF_6 ガスは $1\mu s$ 以下である．つまり，SF_6 ガス中では絶縁回復がきわめて早い．このため，SF_6 ガスは電力用遮断器に広く用いられている（第 9 章参照）．

〔補足〕 **交流アーク**

電流 $I = I_1 \sin\omega t$ が流れているアーク柱の G もマイヤーの式によって求められ，N_0 が一定の場合には

$$G = \frac{I_1^2}{2N_0} \left\{ 1 - \frac{\sin(2\omega t + \phi)}{\sqrt{1 + (2\omega\tau)^2}} \right\} \quad (5.36)$$

となる．ただし，$\phi = \cot^{-1}(2\omega\tau)$ である．式 (5.36) を用いてアーク柱の端子電圧 $V = RI$ を計算すると，図 5.13 のような波形が得られる．

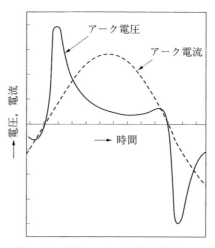

図 5.13　交流アークの電圧・電流波形

POINT

1. 低圧気体中の直流放電では，放電開始後グロー放電かアーク放電の状態に落ち着く．
2. 低気圧放電プラズマ中では $T_e \gg T_i \simeq T_n$ である．
3. 低気圧放電プラズマ中では温度分布がほぼ一様なため，プラズマの運動方程式と連続方程式だけで，電子数密度分布などが求められる．
4. $p_0 R$ が小さいと電子温度が高くなる．
5. 静電探針法により，電子温度，電子数密度，空間電位，浮動電位などがわかる．
6. 高気圧中では，放電開始後ただちにアーク放電の状態になる．アーク柱では，T_e，T_i，T_n がほぼ等しく，熱電離が行われる．

演習問題

5.1 陽光柱プラズマ中の両極性拡散に関して式 (5.15) が成立することを示せ．ただし，式 (5.2) は与えられているとする．

5.2 陽光柱プラズマにおいて，$p_0 R$ が小さいと電子温度が高くなる理由を述べよ．

5.3 平板状電極を有する静電探針をプラズマ中に挿入し，探針の電位 V_P を変えて電流 I_P を測定したところ，図 5.9 のような特性が得られた．これについて次の問に答えよ．(1) 電子飽和電流の大きさ，(2) 浮動電位の大きさ，(3) 点 b で電流が減少する理由，(4) イオン飽和電流の大きさ．

5.4 探針の $\ln I_P$ と V_P のグラフが直線になっている領域において，V_P が $-15.5\,\mathrm{V}$，$-16.5\,\mathrm{V}$ のとき，I_P はそれぞれ $25\,\mathrm{mA}$，$7.9\,\mathrm{mA}$ である．このプラズマの電子温度を求めよ．ただし，式 (5.28) は与えられているとする．

5.5 低圧放電プラズマと高気圧アーク放電プラズマとの違いを述べよ．

6 磁界中における荷電粒子の運動とその応用

磁界を用いると，放電開始やプラズマの運動を制御できる．本章では，それに必要な基礎的事項について述べる．

6.1 一様定常磁界

一様定常磁界中における荷電粒子（以降，本章では単に粒子という）の運動を調べる．質量 m，電荷 q，速度 $\bm{v}$ の粒子の高真空，定常磁界中での運動方程式は，磁束密度を $\bm{B}$ とすると

$$m\frac{\mathrm{d}\bm{v}}{\mathrm{d}t} = q(\bm{v} \times \bm{B}) \tag{6.1}$$

で与えられる．いま，$\bm{B} = (B_x, B_y, B_z) = (0, 0, B)$ で，かつ B は空間的に一様な場合について考える．式 (6.1) を成分で表すと

$$m\dot{v}_x = qBv_y \tag{6.2}$$

$$m\dot{v}_y = -qBv_x \tag{6.3}$$

$$m\dot{v}_z = 0 \tag{6.4}$$

となる．ただし，$\dot{v} = \mathrm{d}v/\mathrm{d}t$ である．式 (6.4) から，磁力線の方向の速度 v_z は一定なことがわかる．

次に v_x, v_y について調べる．式 (6.2)，(6.3) から

$$\ddot{v}_x = -\left(\frac{qB}{m}\right)^2 v_x \tag{6.5}$$

$$\ddot{v}_y = -\left(\frac{qB}{m}\right)^2 v_y \tag{6.6}$$

が得られる．この 2 つの式は，v_x と v_y が角周波数

$$\omega_c = \frac{|q|B}{m} \tag{6.7}$$

で変動することを示している．ω_c を**サイクロトロン角周波数**または**サイクロトロン振動数**といい，$f_c = \omega_c/2\pi$ を**サイクロトロン周波数**（cyclotron frequency）という．ω_c をサイクロトロン周波数とよぶこともある．いま

$$v_x = v_\perp \cos\omega_c t \tag{6.8}$$

とすれば，式 (6.2) により

$$v_y = \mp v_\perp \sin\omega_c t \tag{6.9}$$

となる．ただし，複号の上側は $q > 0$，下側は $q < 0$ の場合である．上の 2 つの式により，$v_x^2 + v_y^2 = v_\perp^2 =$ 一定値である．すなわち，粒子の速さは一定に保たれ，その運動エネルギーは変わらない．これは，式 (6.1) の右辺のローレンツ力が粒子の運動方向と垂直で，粒子に仕事をしないことによる．

$v_x = \mathrm{d}x/\mathrm{d}t$，$v_y = \mathrm{d}y/\mathrm{d}t$ であるから，式 (6.8)，(6.9) を時間で積分すると，x と y が求められる．$t = 0$ で $x = 0$，$y = 0$ とすると

$$x = a\sin\omega_c t \tag{6.10}$$

$$y = \pm a(\cos\omega_c t - 1) \tag{6.11}$$

が得られる．ただし，複号の上側は $q > 0$，下側は $q < 0$ の場合である．また

$$a = \frac{v_\perp}{\omega_c} = \frac{mv_\perp}{|q|B} \tag{6.12}$$

である．式 (6.10)，(6.11) から

$$x^2 + (y \pm a)^2 = a^2 \tag{6.13}$$

となる．これは粒子が半径 a の円運動を行うことを示している．a を**ラーマー半径**（Larmor radius）という．

式 (6.10)，(6.11) を用いて粒子の運動を調べると，$q > 0$ の粒子は時計方向に旋回し（図 6.1），$q < 0$ の粒子は反対方向に旋回する．つまり，粒子は円内

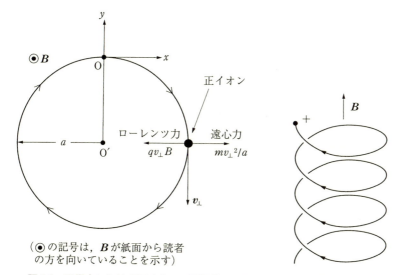

図 6.1　磁界中における正イオンの円運動　　図 6.2　一様定常磁界中の正イオンの運動

の外部磁界を打ち消す方向に旋回する．この性質を**反磁性**（diamagnetism）という．

以上をまとめると，一様定常磁界中の粒子の運動は，1本の磁力線の回りの円運動と，磁力線方向の定速度運動を合成したものとなり，その軌道は図 6.2 に示すようにら旋状となる．円運動の中心を**旋回中心**（center of gyration）または**案内中心**（guiding center）という．

ローレンツ力は，図 6.1 に示すように，旋回中心の方向に働き，遠心力とつり合っている．したがって $|q|v_\perp B = mv_\perp^2/a$ が成立する．この関係からも，式 (6.12) が得られる．B の単位としてテスラ [T] を用いると，電子のサイクロトロン周波数 f_{ce} [Hz] は $f_{ce} = 2.80 \times 10^{10} B$ である．また電子の温度が T_e [K] の場合，電子のラーマー半径 a_e [m] は $a_e = 3.13 \times 10^{-8} T_e^{1/2}/B$ である．ただし，$m_e v_\perp^2/2 = kT_e$ とした．

〔応用〕**ECR 放電**

プラズマを利用する場合には，ガスの消費量の少ないことが望ましい．それには低い気圧で濃いプラズマをつくればよいが，気圧が低くなると放電開始が

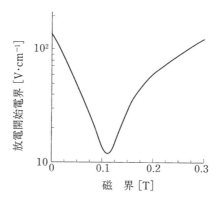

図 6.3　ECR の効果（1 TorrHe，$f = 3.1\,\mathrm{GHz}$）

難しい．それは，電子の平均自由行程が大きくなり，気体分子との衝突の機会が少なくなるからである．そこで，磁界を用いて電子を放電管内に留まらせ，磁界と垂直に電子サイクロトロン周波数の電界を加えて電子を共鳴的に加速する．こうすれば，図 6.3 に示すように，低い電界での放電開始が可能となる．この放電を **ECR 放電**という．ECR は，**電子サイクロトロン共鳴** (electron cyclotron resonance) の略である．この方法により，10^{-5} Torr 程度でもプラズマをつくることができる．周波数は工業用に割り当てられている 2.45 GHz が多く用いられている．この周波数帯の放電をマイクロ波放電という．

6.2　一様定常磁界と外力

6.2.1　外力ドリフト

定常磁界中の粒子に一定な外力 $\boldsymbol{F}$（例えば，電界，重力）が作用する場合の運動方程式は

$$m\dot{\boldsymbol{v}} = q(\boldsymbol{v} \times \boldsymbol{B}) + \boldsymbol{F} \tag{6.14}$$

である．これを磁界に垂直な成分と平行な成分に分解すると次のようになる．

$$m\dot{\boldsymbol{v}}_\perp = q(\boldsymbol{v}_\perp \times \boldsymbol{B}) + \boldsymbol{F}_\perp \tag{6.15}$$

$$m\dot{\boldsymbol{v}}_{//} = \boldsymbol{F}_{//} \tag{6.16}$$

ただし，$\boldsymbol{v}_\perp$, $\boldsymbol{F}_\perp$ は垂直成分，$\boldsymbol{v}_{//}$, $\boldsymbol{F}_{//}$ は平行成分を表す．

いま図 6.4 のように，$\boldsymbol{B} = (0, 0, B)$, $\boldsymbol{F}_\perp = (0, F_\perp, 0)$ で，かつ B, $F_\perp$ は空間的に一様とする．このとき，式 (6.15) を成分で表すと

$$m\dot{v}_x = qBv_y \tag{6.17}$$

$$m\dot{v}_y = -qB\left(v_x - \frac{F_\perp}{qB}\right) \tag{6.18}$$

となる．ここで

$$v_x - \frac{F_\perp}{qB} = v'_x \tag{6.19}$$

とおくと，式 (6.17), (6.18) は次のようになる．

$$m\dot{v}'_x = qBv_y \tag{6.20}$$

$$m\dot{v}_y = -qBv'_x \tag{6.21}$$

これは，式 (6.2), (6.3) と同形である．したがって $v'_x = v_\perp \cos\omega_c t$ とすれば

$$v_x = v_\perp \cos\omega_c t + \frac{F_\perp}{qB} \tag{6.22}$$

$$v_y = \mp v_\perp \sin\omega_c t \tag{6.23}$$

となる．この 2 つの式は，粒子が旋回しつつ x 方向に一定速度でドリフトすることを示している．ドリフトの方向は，x 方向すなわち $\boldsymbol{F}_\perp \times \boldsymbol{B}$ の方向であり，その大きさは $F_\perp/(|q|B)$ であるから，このドリフトの速度 $\boldsymbol{v}_F$ は一般に

$$\boldsymbol{v}_F = \frac{\boldsymbol{F}_\perp \times \boldsymbol{B}}{qB^2} = \frac{\boldsymbol{F} \times \boldsymbol{B}}{qB^2} \tag{6.24}$$

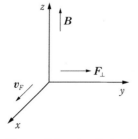

図 6.4 外力によるドリフト

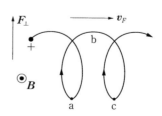

図 6.5 外力ドリフトの機構

で与えられる．$\boldsymbol{F}_\perp$ によるドリフトを**外力ドリフト** (external force drift) または **$\boldsymbol{F} \times \boldsymbol{B}$ ドリフト**という．このドリフトが生じるのは，$\boldsymbol{F}_\perp$ により図 6.5 の区間 ab では粒子は加速され，区間 bc では減速を受け，その結果，旋回半径が大きくなったり小さくなったりするためである．

6.2.2 一様定常磁界と一様定常電界

一様定常磁界 $\boldsymbol{B}$ のほかに一様定常電界 $\boldsymbol{E}$ が存在する場合のドリフト速度 $\boldsymbol{v}_E$ は，式 (6.24) において $\boldsymbol{F} = q\boldsymbol{E}$ とおけば求められ，

$$\boldsymbol{v}_E = \frac{\boldsymbol{E} \times \boldsymbol{B}}{B^2} \tag{6.25}$$

で与えられる．これを **$\boldsymbol{E} \times \boldsymbol{B}$ ドリフト**という．$\boldsymbol{v}_E$ は q と m に無関係であるから，電子とイオンは同一方向に同一速度で一体となってドリフトする．これは，プラズマ中に何らかの原因で $\boldsymbol{B}$ と垂直に $\boldsymbol{E}$ が発生すると，プラズマは磁力線を横切って移動することを意味する．この場合，式 (6.25) を用いて $\boldsymbol{v}_E \times \boldsymbol{B}$ を計算すると，$-\boldsymbol{E}$ となる．したがって，プラズマは速度起電力が $\boldsymbol{E}$ を打ち消すような速度で移動するといえる．

〔例題〕 平行平板電極間のギャップ長を d，電位差を V とする．電極面と平行に磁束密度 B の一様磁界が加えられているとき，陰極を出発した電子の軌道を調べよ．ただし，電子の初速度をゼロとする．

〔解〕 陰極が $y = 0$，陽極が $y = d$ にあり，B は z 方向とする．電子の電荷を $q = -e$ とすると，式 (6.22) において $F_\perp = eE = eV/d$ である．題意により $t = 0$ で $v_x = v_y = 0$ であるから，式 (6.22)，(6.23) はそれぞれ

$$v_x = \frac{E}{B}(\cos \omega_c t - 1) \tag{6.26}$$

$$v_y = \frac{E}{B} \sin \omega_c t \tag{6.27}$$

となる．$t = 0$ で $x = y = 0$ の初期条件のもとで式 (6.26)，(6.27) を t について積分すると

$$x = \frac{E}{B}\left(\frac{\sin \omega_c t}{\omega_c} - t\right) \tag{6.28}$$

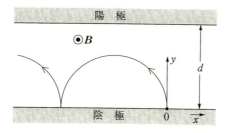

図 6.6　直交する磁界と電界中での電子の運動

$$y = \frac{E}{B\omega_c}(1 - \cos\omega_c t) \tag{6.29}$$

が得られる．この軌道は図 6.6 に示す**サイクロイド**とよばれる曲線となる．y の最大値 $y_{\max}$ は

$$y_{\max} = \frac{2E}{B\omega_c} = \frac{2mE}{eB^2} \tag{6.30}$$

である．$y_{\max} = d$ となるときの B を B_c とすると

$$B_c = \frac{1}{d}\sqrt{\frac{2mV}{e}} \tag{6.31}$$

である．これを**臨界磁界**という．B_c 以上に B を強くすると，電子は陽極に到達できなくなる．

〔応用〕**マグネトロン放電**

　気圧が低くなると直流電圧による放電開始が難しくなるが，電極間に臨界磁界以上の磁界を加えると，放電開始電圧が著しく低下し，濃いプラズマが得られる．これは，陰極を出発した電子が直線的に陽極へゆくのではなく，図 6.6 のように電界と直角方向にドリフトするので，気体分子と衝突する機会が増えるためである．この方法による放電を**マグネトロン放電**という．

6.2.3　一様定常磁界と重力

　一様定常磁界中の荷電粒子に重力加速度 $\boldsymbol{g}$ が作用する場合のドリフト速度 $\boldsymbol{v}_g$ は，式 (6.24) において $\boldsymbol{F} = m\boldsymbol{g}$ とおけば求められ

$$\boldsymbol{v}_g = m\boldsymbol{g} \times \boldsymbol{B}/(qB^2) \tag{6.32}$$

で与えられる．これを**重力ドリフト**（gravitational drift）という．v_g は q に依存する．したがって正イオンと電子とは反対方向にドリフトし，プラズマ中に電流を誘起する．その電流を運ぶのは，主として m の大きいイオンである．

6.2.4 磁界中プラズマの集団運動

磁界中に多数の正と負の荷電粒子が存在すると，集団としての特有な現象が生じる．その例を次に示す．

a. 平板状プラズマの運動

一様定常磁界 $\boldsymbol{B} = (0, 0, B)$ の中に平板状のプラズマがあり，重力が図 6.7 に示す方向に作用したとする．このとき，正イオンは左，電子は右方向に重力ドリフトを行う．その結果，平板状プラズマの左側の面に正，右側の面に負の空間電荷が生じる．このように，プラズマ中で正負の荷電粒子が分離することを**荷電分離**（charge separation）という．荷電分離の結果，x 方向に $\boldsymbol{E}$ が発

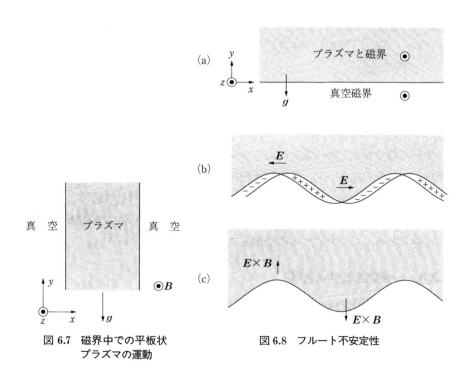

図 6.7 磁界中での平板状プラズマの運動

図 6.8 フルート不安定性

生し，イオンと電子は $E \times B$ ドリフトにより，同一速度で g の方向に落下する．単一荷電粒子では，g が作用しても g 方向には動かないが，集団の場合には，荷電分離によって生じた電界の作用により，磁界を横切って g 方向に動くようになる．

b. フルート不安定性

図 6.8 (a) に示すように，z 方向の磁界中にプラズマがあり，g が作用しているとする．いま，何らかの原因で境界面に微小な凹凸が生じると（同図 (b)），重力ドリフトにより荷電分離が起こり，それによる電界でイオンと電子は $E \times B$ ドリフトを行う（同図 (c)）．その結果，変形の振幅は増大する．このように，磁力線に沿って生じた縦溝（flute）形の変形が時間とともに増大する現象を，**フルート不安定性**という．以上の現象は重力でなくても起こる．磁界中のプラズマで実際に問題となるのは，磁界の不均一による力である（次節参照）．フルート不安定性を抑制するには，x 方向の磁界を加える．こうすると，電子が磁力線に沿って素早く動き，空間電荷を中和する．

6.3 磁力線と垂直方向に不均一な磁界

6.3.1 湾曲ドリフト（$v_{\parallel}$ によるドリフト）

図 6.9 のように磁力線が湾曲している場合，磁力線に沿って $v_{\parallel}$ の速さで動く粒子には，遠心力

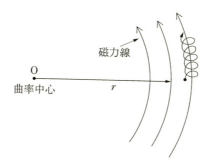

図 6.9 湾曲磁界

$$\boldsymbol{F}_R = (m v_{/\!/}^2 / r) \hat{r} \tag{6.33}$$

が働く．ただし，r は磁力線の曲率半径，$\hat{r}$ は r 方向の単位ベクトルである．$\boldsymbol{F}_R$ は式 (6.14) の $\boldsymbol{F}$ として作用し，その結果ドリフトが生じる．これを**湾曲ドリフト**または**曲率ドリフト** (curvature drift) という．その速度 $\boldsymbol{v}_R$ は，式 (6.24) により次式で与えられる．

$$\boldsymbol{v}_R = \boldsymbol{F}_R \times \boldsymbol{B} / (q B^2) \tag{6.34}$$

6.3.2　∇B ドリフト（$v_\perp$ によるドリフト）

後述のように，磁力線が湾曲すると磁界に勾配ができる．そのため，図 6.10 に示すように，z 方向の磁界 B が x 方向に変化する空間での荷電粒子の運動を調べる．ここでは，$v_{/\!/} = 0$ とする．もし $B = B_0$ で空間的に一様ならば，速さが $v_\perp$ の粒子は，ラーマー半径 $a = m v_\perp / (|q| B_0)$ の円運動を行う．そして，ローレンツ力 $q\,(\boldsymbol{v} \times \boldsymbol{B})$ の 1 旋回についての平均値 $\boldsymbol{F}_B$ はゼロで，ドリ

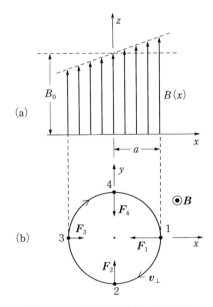

図 6.10　1 旋回中正イオンに働く力

フトもしない．一方，B が空間的に不均一な場合には，$\boldsymbol{F}_B$ は一般にゼロとならない．したがって式 (6.14) の $\boldsymbol{F}$ として $\boldsymbol{F}_B$ が作用し，ドリフトが生じる．

次に，図 6.10 の不均一磁界における $\boldsymbol{F}_B$ を求める．半径 $a = mv_\perp/(|q|B_0)$ の円周上の代表点 1, 2, 3, 4 におけるローレンツ力をそれぞれ $\boldsymbol{F}_1, \boldsymbol{F}_2, \boldsymbol{F}_3, \boldsymbol{F}_4$ とすると

$$\boldsymbol{F}_1 = -qv_\perp[B_0 + (\partial B/\partial x)a]\hat{x} \tag{6.35}$$

$$\boldsymbol{F}_3 = qv_\perp[B_0 - (\partial B/\partial x)a]\hat{x} \tag{6.36}$$

$$\boldsymbol{F}_2 + \boldsymbol{F}_4 = 0 \tag{6.37}$$

が成立する．ただし，$(\partial B/\partial x)$ は旋回中心での勾配であり，$\hat{x}$ は x 方向の単位ベクトルである．したがって $\boldsymbol{F}_B = (\boldsymbol{F}_1 + \boldsymbol{F}_2 + \boldsymbol{F}_3 + \boldsymbol{F}_4)/4$ は

$$\boldsymbol{F}_B = -\frac{1}{2}qv_\perp a\left(\frac{\partial B}{\partial x}\right)\hat{x} = -\mu_m\left(\frac{\partial B}{\partial x}\right)\hat{x} \tag{6.38}$$

となる．ただし，

$$\mu_m = \frac{mv_\perp^2/2}{B_0} \tag{6.39}$$

である．μ_m を**磁気モーメント** (magnetic moment) という．式 (6.38) では代表点についての平均値を求めたが，円周に沿っての平均値もこれと一致する．

式 (6.38) が示すように，$\boldsymbol{F}_B$ は磁界と垂直の方向に働く．したがって $\boldsymbol{F}_B$ によるドリフト速度 $\boldsymbol{v}_B$ は，式 (6.24) により

$$\boldsymbol{v}_B = \boldsymbol{F}_B \times \boldsymbol{B}/(qB^2) \tag{6.40}$$

で与えられる．このドリフトを ∇B ドリフト (grad-B drift) または**磁界勾配ドリフト**という．

6.3.3 単純トロイダル磁界

図 6.11 (a) のような環状コイルによってつくられる磁界中における粒子の運動について考える．ただし，コイルの電線は密に巻かれているとする．このコイル内の θ 方向の磁束密度 B は，アンペアの法則により

$$B = K/r \tag{6.41}$$

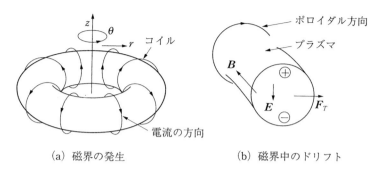

(a) 磁界の発生　　　　　(b) 磁界中のドリフト

図 6.11　単純トロイダル磁界

で与えられる．ただし，K はコイルの巻数と電流に関係した定数で，r はコイルの中心（z 軸）からの距離である．θ 方向を**トロイダル** (toroidal) 方向といい，式 (6.41) のような磁界を，**単純トロイダル磁界**という．この磁界は，z 方向の直線電流によってもつくられる．

a. 単純トロイダル磁界中の単一粒子のドリフト

上の例が示すように，磁力線が湾曲すると，必ず磁界に勾配ができる．したがって粒子は，磁界と垂直方向に湾曲ドリフトと ∇B ドリフトを行う．トロイダル磁界では式 (6.38) の x に相当するものは r であり

$$\frac{\partial B}{\partial r} = -\frac{K}{r^2} = -\frac{B}{r} \tag{6.42}$$

となる．したがって $\boldsymbol{F}_R$ と $\boldsymbol{F}_B$ の和 $\boldsymbol{F}_T$ は

$$\boldsymbol{F}_T = \boldsymbol{F}_R + \boldsymbol{F}_B = m\left(v_{/\!/}^2 + \frac{v_\perp^2}{2}\right)\frac{\hat{r}}{r} \tag{6.43}$$

となる．これによるドリフト速度 $\boldsymbol{v}_T$ は，式 (6.24) により

$$\boldsymbol{v}_T = \boldsymbol{F}_T \times \boldsymbol{B}/(qB^2) \tag{6.44}$$

で与えられる．上式には q が含まれている．したがって，重力ドリフトと同様に，正イオンと電子は反対方向にドリフトする．

b. 単純トロイダル磁界中のプラズマの運動

単純トロイダル磁界中に置かれたドーナツ状のプラズマについて考える．その一部を図 6.11 (b) に示す．多数の粒子が存在すると，集団としての現象が

生じる．すなわち，v_T により，プラズマの上側に正，下側に負の空間電荷が生じ，これによる電界でイオンと電子は $E \times B$ ドリフトを行い，一体となって半径方向に移動する．この状況は，図6.7において，重力の代りに F_T が作用したのと同じである．このとき，同図 (b) に示す**ポロイダル**（poloidal）方向の磁界を加えると，磁力線に沿って電子が素早く動いて空間電荷を中和するので，ドリフトは抑制される．この方法は，核融合の研究の分野で，超高温プラズマの保持に用いられている．

6.4 磁力線の方向に不均一な磁界

図 6.12 のように，z 方向に緩やかに変化する軸対称磁界中において，z 軸を旋回中心とする粒子に働くローレンツ力を調べる．ただし，粒子の速さを $v_\perp$，ラーマー半径を $a = mv_\perp/(|q|B)$ とする．粒子に働く半径方向の力の1旋回の平均は明らかにゼロであり，z 方向の力 F_z は

$$F_z = -|q|v_\perp B_r(a)\hat{z} \tag{6.45}$$

で与えられる．ただし，$B_r(a)$ は，$r = a$ において外側から内側に入る磁束密度である．次にこれを求める．いま，z 軸を中心とする，半径 a，軸長 Δz の円柱を考える（図 6.13 参照）．面 S_1 を通して円柱内に入った磁束と，円柱の側面から円柱内に入った磁束の和が，右側の面 S_2 を通る．したがって，面 S_1，

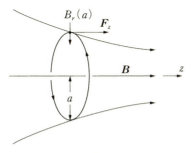

図 6.12 磁気ミラー

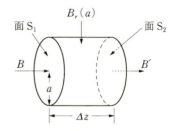

図 6.13 微小空間における磁力線の流入，流出

S_2 の磁束密度をそれぞれ B, B' とすると

$$\pi a^2 B + 2\pi a B_r(a) \Delta z = \pi a^2 B' \tag{6.46}$$

が成立する．テイラー展開により

$$B' = B + (\partial B/\partial z)\Delta z \tag{6.47}$$

とおける．これを式 (6.46) に代入すると

$$B_r(a) = \frac{a}{2}\frac{\partial B}{\partial z} \tag{6.48}$$

が得られる．これを式 (6.45) に代入し，式 (6.12)，(6.39) を用いると

$$\boldsymbol{F}_z = -\frac{mv_\perp^2/2}{B}\frac{\partial B}{\partial z}\hat{z} = -\mu_m \frac{\partial B}{\partial z}\hat{z} \tag{6.49}$$

となる．したがって旋回中心の運動方程式は

$$m\frac{\mathrm{d}\boldsymbol{v}_z}{\mathrm{d}t} = \boldsymbol{F}_z = -\mu_m \frac{\partial B}{\partial z}\hat{z} \tag{6.50}$$

と書ける．前に述べたすべてのドリフトが $\boldsymbol{F}\times\boldsymbol{B}$ ドリフトに帰着するのに対し，この場合だけが異なる．

図 6.12 の磁界では $(\partial B/\partial z)$ が正のため，旋回しながら z の正方向に移動する粒子は磁界の強い領域で反射される．このため，図のような磁界を磁気ミラー（magnetic mirror）という．ただし，$v_\perp$ が小さい粒子はほとんど減速力を受けないので，z 軸に沿って外部に流出する．

図 6.14 に示す地球磁界は一対の磁気ミラーで構成されており，これに保持されているプラズマが電離層である．このプラズマ中の荷電粒子は，磁力線に

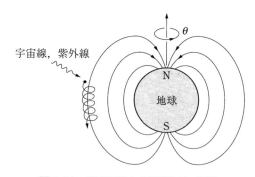

図 6.14 地球磁界中の荷電粒子の運動

沿って南北に往復運動を行うとともに，図の θ 方向に湾曲ドリフトと ∇B ドリフトを行っている．またオーロラは，$v_{\parallel}$ の大きな荷電粒子が極地付近で低空に達し，そこで気体を励起させるために生じると考えられている．

6.5　磁気ピンチとMHD不安定性

　円柱状プラズマの軸方向に電流を流すと，円周方向に磁界が発生する．プラズマ表面における磁束密度を B，電流密度を j とすると，プラズマには単位体積当り $j \times B$ の力が働く．この力が大きいと，プラズマ円柱は圧縮されて細くなる．これを**磁気ピンチ**（magnetic pinch）という．

　ピンチしたプラズマ円柱ではさまざまな不安定性が発生する．例えば，図6.15 (a) のような変形が生じ，振幅が時間とともに増大する．これは，次の2つの理由による．(1) プラズマ円柱の周囲の磁界は単純トロイダル磁界であるから，プラズマ粒子には同図 (b) のように F_T が働く．この状況は図6.8と同じである．したがってフルート不安定性が発生する．(2) プラズマ円柱の半径を r とすると，電流が一定の場合には $B \propto (1/r)$ である．したがってプラズマ円柱のくびれた部分の B は大きく，$j \times B$ も大きい．このため，くびれは時間とともに成長する．図6.15の不安定性を，プラズマの形にちなんでソー

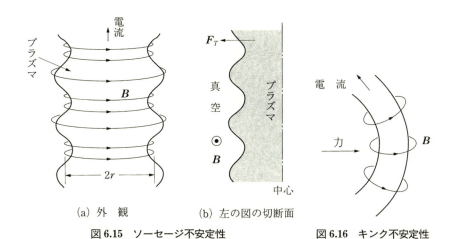

(a) 外　観　　(b) 左の図の切断面

図6.15　ソーセージ不安定性

図6.16　キンク不安定性

セージ不安定性（sausage instability）という．

　また，プラズマ円柱が図 6.16 に示すように折り曲げられると，円柱の左側の B が大きくなるため，変形はますます増大する．これを**キンク不安定性**（kink instability）という．以上のほかに，さまざまな変形が発生する．それらを総称して，**MHD 不安定性**または**電磁流体力学的不安定性**という．MHD は magnetohydrodynamic の略である．

　電流の大きいアーク柱が激しく動く原因の 1 つは，この不安定性である．超高温プラズマを磁界で閉じ込めて核融合炉をつくるには，この不安定性を抑制しなければならない．安定化には，軸方向の磁界が用いられる．磁力線に沿って電子が素早く動いて空間電荷を中和するので，荷電分離によって生じるフルート不安定性は抑制される．また，磁力線にはゴムひものような性質があるので，磁力線をプラズマ柱内に入れておくと変形を押し戻してくれる．

　以上のことと 6.3.3 項 b で述べたことにより，プラズマを所定の空間内に安定に閉じ込めるには，らせん状の磁界が必要である．

6.5 磁気ピンチと MHD 不安定性

> ### · POINT ·
>
> 1. 一様定常磁界中における荷電粒子の円運動の半径と角周波数を，それぞれラーマー半径，サイクロトロン角周波数という．
> 2. 磁界を利用すると，低い気圧での放電開始が容易になる．
> 3. 一様磁界と垂直に外力が働くと，粒子は式 (6.24) で与えられるドリフトを行う．
> 4. プラズマ中で荷電分離により電界が発生すると，プラズマは磁界を横切ってドリフトする．荷電分離を引き起こすのは，主として不均一磁界による $\boldsymbol{F}_R$ と $\boldsymbol{F}_B$ である．
> 5. 荷電分離によって生じた正負の電荷を適当な磁界で中和させると，プラズマのドリフトを抑制できる．
> 6. 磁気ミラーにより粒子を反射させることができる．

演 習 問 題

6.1 磁束密度 B の一様定常磁界中における質量が m，電荷が q，速度が $v_\perp$ の粒子のラーマー半径とサイクロトロン角周波数を求めよ．

6.2 一様定常磁界中にプラズマがある．このプラズマ内の電子と 1 価イオンのラーマー半径の比を求めよ．ただし，電子とイオンの質量をそれぞれ m_e, m_i とし，かつ電子温度とイオン温度は等しいとする．

6.3 2.45 GHz を用いて ECR 放電を行うために必要な磁束密度を求めよ．

6.4 $B = 1\,[\mathrm{T}]$ の磁界中における陽子の地表面での重力ドリフト速度を求めよ．また，これと同じ $\boldsymbol{E} \times \boldsymbol{B}$ ドリフト速度を生じるための電界を求めよ．

6.5 図 6.8 において g の方向が逆になった場合，フルート不安定性は成長するか．

6.6 一様な電界 E と磁界 B が直交している空間に，E と B に垂直に速度 v の荷電粒子が入射した．入射後粒子が直進するための条件を求めよ．

6.7 単純トロイダル磁界中におかれたプラズマが半径方向に移動する理由を説明せよ．

7 高電圧・パルスパワーの発生

第9章にみられるように,高電圧やプラズマの応用分野はきわめて広い.本章では,それらの発生に必要な電源について述べる.

7.1 交流高電圧の発生

7.1.1 試験用変圧器

交流高電圧の発生には,変圧器が用いられる.例えば,電力系統では,発電所の変圧器で,電圧を非常に高くして大電力を遠方に輸送している.電力系統には各種の電力機器が接続されているが,それらは,製作した時点で使用電圧の約2倍またはそれに近い所定の電圧を加えて絶縁耐力を確かめることになっている.この高電圧試験のためにつくられる変圧器を,**試験用変圧器**(testing transformer)という.

試験用変圧器は,電力系統で用いられる変圧器(電力用変圧器)よりも高い電圧を発生しなければならないので,高電圧巻線の絶縁が特に困難である.例えば,沿面フラッシオーバ電圧は,図7.1に示すように沿面距離に比例しないので,高い電圧 V に対して絶縁するには,低い電圧(例えば $V/2$)の場合よりもはるかに大きな沿面距離が必要となる.絶縁物の貫通破壊に関しても,図のような飽和の傾向がみられる.

このため,通常 500 kV 以上では,**縦続接続**(cascade connection)方式が用いられている.図7.2は2段の縦続接続の場合で,試験用変圧器 T_1 の2次

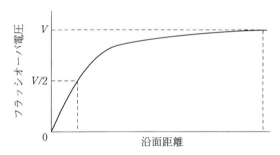

図 7.1 フラッシオーバ電圧の飽和

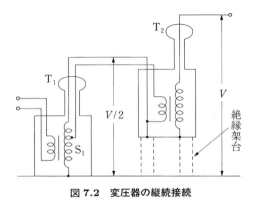

図 7.2 変圧器の縦続接続

巻線 S_1 の一部により変圧器 T_2 を励磁する．T_2 は，絶縁架台の上に載せて大地から絶縁する．さらに高い電圧が必要ならば，変圧器を 3 台，4 台と接続する．このように何段も積み重ねる方法は，3.4.4 項で述べた分割絶縁の 1 種であり，交流以外の高電圧の発生にも広く用いられている．

7.1.2 直列共振を利用する交流高電圧の発生

ケーブル，コンデンサなど静電容量がきわめて大きい供試物の試験には，直列共振を利用した高電圧発生法が用いられる．この方法では，図 7.3 のように可変リアクトル（インダクタンス L）を静電容量 C の供試物と直列に接続し，L を変化させて C と共振させる．こうすると，供試物の端子間に変圧器の出力電圧よりもはるかに高い電圧が発生する（演習問題 7.1）．この方法には，(1)

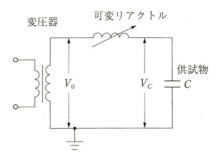

図 7.3 直列共振を利用した高電圧発生回路

電源の基本周波数で共振させるので，発生電圧の波形ひずみが小さい，(2) 供試物が絶縁破壊すると共振が外れ，リアクトルにより短絡電流が制限されるので，供試物の損傷が小さい，などの利点がある．ただし，共振時には，リアクトルの端子間に V_C と同程度の高電圧が加わる．このため，必要に応じ，リアクトルを何台かに分けて絶縁する方法が用いられている．

7.2 直流高電圧の発生

直流高電圧の発生には，交流高電圧を整流する方法と静電発電機による方法とが用いられている．

7.2.1 交流高電圧の整流

直流高電圧の発生には，通常この方法が用いられている．

a. 基本整流回路

整流器を1個だけ用いた最も簡単な整流回路を図 7.4 に示す．図において，整流器 D は，矢印の順方向には電流を通すが逆方向には通さない．したがって負荷には1方向の電流，すなわち直流が供給される．負荷がなければ（負荷抵抗 $R = \infty$），平滑コンデンサ C の端子電圧 V_C は変圧器の2次電圧波高値 V_m にほぼ等しくなり，その値は時間的に変動しない．R を接続すると，C に充電された電荷が R を通して放電するので，整流回路の出力電圧でもある V_C に図 7.5 のような脈動が生じる．

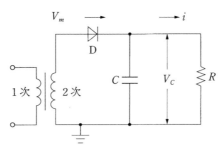

D：整流器，C：平滑用コンデンサ，R：負荷抵抗

図7.4　基本整流回路（半波整流回路）

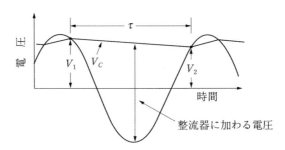

図7.5　半波整流回路の出力波形

$(V_1 - V_2)/V$ を**脈動率**（リプル率：ripple factor）という．ただし，V_1，V_2，V はそれぞれ，V_C の最大値，最小値，平均値である．次に脈動率と C，R などとの関係を調べてみよう．図7.5において，V_1 から V_2 にいたる期間 τ では，C に充電された電荷が R を通して放電する．放電電流の平均値を i とすると，C の放電電荷は，$C(V_1 - V_2) = i\tau = (V/R)\tau$ である．交流電源の周波数を f とすると，τ は $1/f$ にほぼ等しい．したがって脈動率 η は次式で示される．

$$\eta = \frac{V_1 - V_2}{V} = \frac{i\tau/C}{iR} \simeq \frac{1}{fCR} \tag{7.1}$$

整流器に加わる逆方向の電圧がある値を越えると，整流作用が失われ，大きな電流が流れる．これが生じない限界の電圧を逆耐電圧とよぶ．ところで，図7.5からわかるように，整流器には直流電圧のほぼ2倍の逆方向の電圧が加わる．したがって整流器の逆耐電圧は所要の直流電圧の2倍以上でなければならない．もし1個の整流素子で不足ならば，複数個の素子を直列接続した整流器

を使用する．その際，整流素子の特性のばらつきなどによる電圧分担を均等化するため，各整流素子に並列にコンデンサや抵抗を接続する．整流素子としては，シリコン整流素子が多く用いられている．

b. 倍電圧整流回路

整流器とコンデンサを2組用いると，1組の場合の2倍の直流電圧が得られる．その一例を図7.6に示す．これは**ビラード（Villard）回路**とよばれ，変圧器2次電圧の1つの半波で C_1 を充電し，逆半波ではこの充電電圧と変圧器の電圧との和で C_2 を充電する．したがって無負荷の場合，C_2 の端子電圧は変圧器の2次電圧波高値 V_m の2倍になる．

c. コッククロフト-ウォルトン回路

ビラード回路を発展させ，整流器とコンデンサを図7.7に示すように n 段積み重ねると（図では $n=6$），無負荷の場合，変圧器2次電圧波高値の n 倍の直流電圧を発生できる．この回路を**コッククロフト-ウォルトン回路**という．

回路の名称は，J.D. Cockcroft と E.T.S. Walton がこの回路で原子核の人工破壊に成功したことに由来している．彼らは，最初 280 kV まで陽子を加速

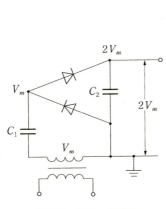

図7.6 ビラード回路

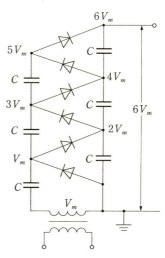

図7.7 コッククロフト-ウォルトン回路

してリチウム原子などに衝突させたが，実験はことごとく失敗に終わった．そ
れで，4段積み，出力電圧約 700 kV の装置をつくり，再度挑戦して実験に成功
した（1932年）．

現在，この回路は産業面でも広く用いられていて，小さな脈動率が要求され
る場合には，500 Hz～20 kHz 程度の高周波電源が採用されている．

7.2.2 静電発電機

図 7.8 のように，対地静電容量が C の導体に電荷 q を電界に逆らって次々と
送り込み，電荷 Q に充電したとすると，導体の電位 V は $V = Q/C$ に上昇す
る．このような方法で直流高電圧を発生させる装置を**静電発電機**（electrostatic
generator）という．

静電発電機の代表例が**ファンデグラフ**（van de Graaff）**発電機**である．その
原理を図 7.9 で説明する．絶縁性のベルトを電動機 M で矢印の方向に運動させ
ておく．針電極 N に直流電圧を加えてコロナ放電を起こさせると，それによっ
て生じたイオンがベルト表面に付着し，中空導体の内部に運び込まれる．内部

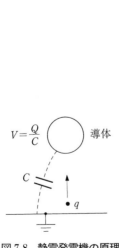

図 7.8 静電発電機の原理

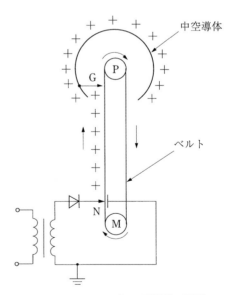

図 7.9 ファンデグラフ発電機の原理

に運び込まれたベルト上の電荷を $+q$ とすると，中空導体の内面に $-q$，外面に $+q$ の電荷が誘起される．導体内面に設けた針電極 G によりベルト上の電荷と導体内面の電荷とを中和させると，導体外面の電荷 $+q$ だけが残る．このようにして，次々と電荷を導体外面に送り込むと，導体は非常に高い電位となる．

ただし，導体外面でのコロナ放電などにより導体の電荷の損失が大きくなると，導体の電圧上昇が難しくなる．このため，実用機では，装置全体を金属容器で密閉し，高気圧の SF_6 ガスや N_2 ガスを封入することが多い．なお考案者の R.J. van de Graaff は米国プリンストン大学の学生時代に，2 つの導体球のそれぞれに正負の電荷を絹ベルトで運び，両者間に 1.5 MV を発生させた（1932 年）．

7.3 パルスパワーの発生

7.3.1 パルスパワーとは

a. パルスパワーの発生原理

図 7.10 において，静電容量 C のコンデンサを直流高圧電源により電圧 V に充電すると，コンデンサには $CV^2/2$ の静電エネルギーが蓄えられる．通常，直流高圧電源の出力電流はあまり大きくないので，大きなエネルギーを蓄えるには，かなり時間がかかる．コンデンサの電圧が V になったときにスイッチ S を閉じると，抵抗 R が小さい場合には，R を通して瞬間的に大きな電流が流れ，R の端子間にパルス電圧が発生する．つまり，スイッチ S を閉じること

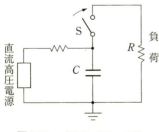

図 7.10 パルスパワーの発生回路の例

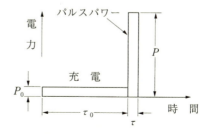

図 7.11 パルスパワーの発生

により，瞬間的に大きな電力が発生する．

簡単のため，図7.11のように，電力 P_0 で τ_0 秒かけて充電したエネルギーを τ 秒間（$\tau_0 \gg \tau$）で全部放出したとすれば，そのときの発生電力の平均値 P は，$P = P_0\tau_0/\tau$ となる．したがって，発生電力は充電電力の時間的圧縮によって得られるといえる．このようにしてパルス化された電力を，**パルスパワー** (pulsed power) という．

パルスパワーにより，(1) 強力なレーザビーム，イオンビーム，マイクロ波などの発生，(2) 超高温，超高密度，超高圧などの極限状態の実現，(3) 電力機器などのインパルス電圧試験，などができる．このため，パルスパワーは，産業面や研究面で広く用いられている[13]．なお，電力機器などの高電圧試験に関する電気学会の標準規格では，"過渡期に短時間出現する電圧（電流）をインパルス電圧（電流）とよぶ"と定義しているが，試験以外の分野では，パルス大電流というようにインを省略することがある．

b. エネルギーの蓄積

パルスパワーは，静電エネルギーの蓄積ばかりでなく，磁気エネルギーや運動エネルギーの蓄積によっても発生できる．例えば，図7.12の発電機Gを電動機で徐々に加速して大きな運動エネルギーを蓄えておき，必要なときに電気エネルギーに変換してコイルに大きな電流 i を流す．このとき，コイルには $Li^2/2$ の磁気エネルギーが蓄えられる．ただし，L はコイルのインダクタンスである．スイッチ S_1 を開くとコイルの両端に高電圧 $L(\mathrm{d}i/\mathrm{d}t)$ が発生し，同時にスイッチ S_2 を閉じると負荷にパルスパワーが供給される．この方法はわが国の大型核融合研究装置 JT–60 に用いられ，大電流放電で超高温プラズマを

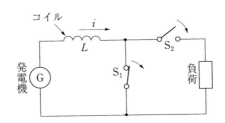

図 7.12 運動エネルギー，磁気エネルギーの蓄積によるパルスパワーの発生例

10秒近く発生させるのに成功している[14]．

現在，静電エネルギーによるパルスパワーの発生法が最も広く用いられているので，以下では主としてこれについて述べる．

c. パルスパワー用スイッチ

図7.10のSのように，大きなエネルギーを瞬間的に放出させるためのスイッチとしては，**ギャップスイッチ**（gap switch）が広く用いられている．ギャップスイッチとは，空気などの絶縁媒質中に，大電流放電用の一対の主電極と始動（トリガ：trigger）用の電極を設けたものである．その例を図7.13 (a)，(b)に示す．(b)には，中央に穴をあけた円盤状の始動電極が示してあるが，針状など各種の電極が用いられている．始動電極に立ち上りの速い高電圧のトリガパルスを与えて主電極間で放電を起こさせると，導電性の良いプラズマができ，主電極間は電気的に閉じられる．

トリガパルスを与えてから主電極間が導通状態になるまでの時間を**始動時間**といい，放電ごとの始動時間のばらつきを**タイムジッタ**（time jitter）という．多数のスイッチを用いる場合には，スイッチの始動特性が重要な問題になる．これについては7.3.3項で説明する．

主電極間で大電流放電を行うと轟音が発生するので，必要に応じてギャップを容器の中に収める．容器内の気圧を高くすると，電極間の距離を小さくでき，始動時間とタイムジッタも小さくできる．短い時間間隔での放電が要求される場合には，容器内の気体を循環させて気体の清浄化や電極の冷却を行う．

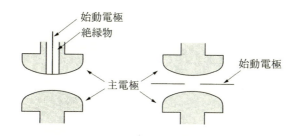

(a) トリガトロン型　　　(b) 電界ひずみ型
　　ギャップスイッチ　　　　ギャップスイッチ

図 7.13　ギャップスイッチの例（断面図）

雷インパルス電圧などの発生には，始動電極のない気中ギャップも多く用いられる．これを**火花ギャップ**といい，始動電極のあるギャップスイッチを，**始動ギャップ，トリガギャップ**などとよぶ．使用目的に応じ，以上のほかに各種のスイッチが開発されている．市販されているものには，**サイラトロン，イグナイトロン，サイリスタ**などがある．

7.3.2 インパルス高電圧の発生

インパルス高電圧の発生には，マルクス発生器または変圧器が用いられる．

a. マルクス発生器

図 7.10 では，パルスパワーの発生法の原理を説明するために，コンデンサは 1 台しか示していない．しかし，実際に電圧の高いパルスパワーを発生させるには，充電した多数のコンデンサを直列に接続する．その具体例を図 7.14 に示

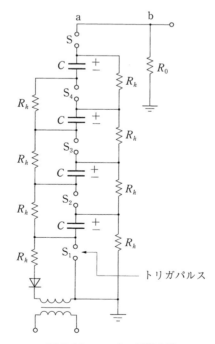

図 7.14 マルクス回路の例

す．高抵抗 R_h を通してコンデンサ C を充電しておき，始動ギャップ S_1 を放電させると，火花ギャップ S_2，S_3，S_4，S が順次放電し，すべてのコンデンサは直列に接続される[15]．その結果，放電抵抗 R_0 の端子にインパルス高電圧が発生する（演習問題 7.4 参照）．このような回路を，考案者であるドイツの科学者 E. Marx に因んで**マルクス回路**といい，これによる装置を，**マルクス発生器** (Marx generator) または**多段式インパルス電圧発生器**とよぶ．略して**インパルス発生器** (impulse generator : IG) とよぶこともある．マルクス発生器は，後述のように，さまざまな波形のインパルス電圧の発生用電源として広く用いられ，電力機器などの試験用や核融合の研究用に出力電圧 10 MV 程度のものまでつくられている．

雷インパルス電圧や開閉インパルス電圧を発生する電力機器試験用のマルクス発生器は，規格で定められた波形の電圧を正確に発生しなければならないが，発生器の静電容量が小さすぎると，被試験物の静電容量などの影響を受けて波形がひずんでしまう．このため，各段のコンデンサには $1.5\,\mu\mathrm{F}$，充電電圧 50〜150 kV 程度のものが用いられる．したがって，試験用のマルクス発生器は，かなり大きいパルスパワーの発生器といえる．高電圧送電のため，マルクス発生器は古くから用いられ，多くの改良がなされている[7,16]．そして，この過程で得られた知識が現在のパルスパワー技術の基礎になっている．

試験用のマルクス発生器では，通常コンデンサを大気中で積み上げているが，パルスパワーの発生そのものを目的とするマルクス発生器は，油入絶縁などにより小型化される．こうすると，回路の自己インダクタンス（以後インダクタンスとよぶ）が小さくなり，立ち上りの急しゅんな高電圧パルスパワーが得られる．さらに大きいパルスパワーを得るため，多数のマルクス発生器の出力を同一の負荷に同時に放出することも行われる．この場合には，発生器の動作を確実にするため，各段のギャップにトリガ電極を設ける．蓄積エネルギーが 18 MJ の装置もつくられている．

b. 変圧器によるインパルス電圧の昇圧

コンデンサ放電などで発生させたインパルス電圧を変圧器で昇圧すると，インパルス高電圧が得られる．電圧の立ち上りが急しゅんな場合には，空心変圧

器を使用する．この発生法は多数のギャップを必要としないので，装置の取扱いが容易である．通常，小電力の場合に用いられている．

c. 各種インパルス高電圧の発生

(1) 雷インパルス電圧, 開閉インパルス電圧

この電圧の発生の場合には，マルクス発生器に波形調整用の回路素子を接続する．例えば，図 7.14 の ab 間に抵抗 R_P を挿入し，放電抵抗 R_0 と並列にコンデンサ C_0 を接続する．そのときの等価回路を図 7.15 に示す．ただし，簡単のため充電抵抗 R_h の影響は無視する．この図で，C_1 はマルクス回路のコンデンサ C を直列接続した静電容量であり，R_S はマルクス回路の抵抗と R_P との和である．等価回路の回路定数と発生波形との関係が詳しく調べられていて図表になっているので，それを利用すると，所定の波形の電圧を発生させるために必要な C_0 や R_P などの値を容易に知ることができる[16]．

開閉インパルス試験には，変圧器によるインパルス電圧昇圧法も用いられる．この方法で変圧器の試験を行う場合には，供試物の変圧器自身を利用できる．

(2) 急しゅん波インパルス電圧

標準雷インパルス電圧の波頭長は $1.2\,\mu s$ であるが，パルスパワー応用や絶縁破壊の研究などでは，$10\,\mathrm{ns}$ ($=10^{-2}\mu s$) 程度あるいはそれ以下のインパルス高電圧が要求される．標準雷インパルス電圧よりも波頭長が短いものを，**急しゅん波インパルス電圧** (steep front impulse voltage) という．

急しゅんなインパルス高電圧の発生で問題になるのは，発生回路のインダクタンス L である．コンデンサ放電により電流 i を流そうとすると，回路内に $L(di/dt)$ の逆起電力が生じ，急激な電流変化は抑制される．その結果，インパルス電圧の立ち上がりが緩やかになってしまう．

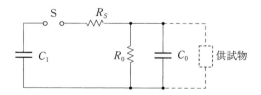

図 7.15 雷インパルス電圧発生の等価回路

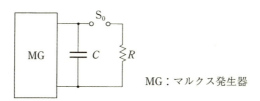

図7.16　急しゅん波インパルス電圧発生回路

ところで，回路のインダクタンスとは，単位電流が流れたとき，その回路に鎖交する磁束のことであるから，電流の往路と復路が離れていて回路の寸法が大きいと，インダクタンスも大きくなる．マルクス発生器は多数のコンデンサとギャップが直列に接続されるので，どうしても回路の寸法が大きくなり，インダクタンスを小さくするのが難しい．それで，より急しゅんなインパルス高電圧を発生させるため，次の方法が用いられる．(1) 図7.16 に示すように，残留インダクタンスの小さいコンデンサ C をマルクス発生器 MG で瞬間的に充電し，充電完了と同時にスイッチ S_0 によりコンデンサを放電させる．こうすると電圧の印加時間が短いので，CR 回路の絶縁物の寸法を小さくできる．これにより回路のインダクタンスは減る．(2) さらに，CR 回路を高気圧 SF_6 ガスや絶縁油の中に入れて，回路の寸法を小さくする．(3) S_0 には，低インダクタンスの高気圧ギャップスイッチを用いる．

上記のようにしてインパルス電圧の時間幅を小さくすると，立ち上りが急しゅんになり電力も増大する．これを，**パルス圧縮**（pulse compression）という．電圧が低い分野でのパルス圧縮には，スイッチとして可飽和リアクトルなどが用いられる[13]．

(3) 方形波インパルス電圧

このインパルス電圧の発生には，高電圧に充電した線路の放電が用いられる．例えば，図7.17 のような長さ l の同軸線路の内部導体と外部導体間を電圧 V に充電して電荷を蓄えておき，スイッチ S_0 を閉じて放電させる．このとき，R の値を適当に選んでおくと，その端子間に方形波インパルス電圧が発生する．

線路は無損失とすると，放電時における線路の電気的特性は，図7.18 のように，導体間の静電容量とインダクタンスとが分布した回路で調べることができ

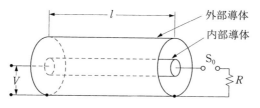

図 7.17 同軸線路による方形波インパルス電圧の発生

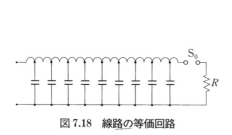

図 7.18 線路の等価回路

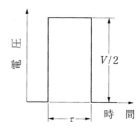

図 7.19 方形波インパルス電圧

る．このような回路を**分布定数回路**という．

いま，線路の単位長さ当りの静電容量とインダクタンスをそれぞれ C, L とする．スイッチ S_0 を閉じると，線路右端の電荷はただちに R を通して放電するが，線路左方の電荷はインダクタンスを通して順次放電するので，R の端子にはある時間幅をもったパルス電圧が発生する．このときの状況はよく調べられていて，特に $R = (L/C)^{1/2}$ のとき，R の端子には，図 7.19 に示すように，パルス幅 $\tau = 2l/v_0$，波高値 $V/2$ の方形波インパルス電圧が発生することが明らかにされている．ただし，$v_0 = 1/(LC)^{1/2}$ である．$(L/C)^{1/2}$ を線路の**特性インピーダンス**または**サージインピーダンス**（surge impedance）という．

図 7.19 の出力は，線路のインダクタンスに関係なく立ち上りがきわめて急しゅんで，しかも所定の時間内で電圧と電流が一定という特徴がある．このため，線路の放電によるインパルス発生法は，さまざまな分野で用いられている．ただし，電圧がきわめて高い場合には，絶縁のために線路右端のスイッチと抵抗とからなる回路のインダクタンスが大きくなり，インパルス電圧の立ち上りが緩やかになってしまう．このため，前項 (2) で述べた瞬間的充放電や高気圧

ギャップスイッチなどが採用される．線路の瞬間的充電には，急しゅん波インパルス電圧発生器，インダクタンスの小さなマルクス発生器，低圧巻線をコンデンサ放電で励磁した空心変圧器が用いられる．図 7.17 のように L と C が分布した線路は，**ラインパルサ**（line pulser），あるいは，充電電圧の波形のいかんにかかわらず出力波形が一定のことから**パルス成形線路**（pulse forming line）とよばれる．

高電圧大電流のインパルスの発生には，線路の導体間の絶縁に水がよく用いられる．純水は絶縁耐力が大きく，しかも誘電率が大きいので，線路のサージインピーダンスを小さくできる（演習問題 7.6）．1 MV，1 MA のインパルスの発生例もある．

7.3.3 インパルス大電流の発生

インパルス大電流は，超高温プラズマや強磁界の発生，避雷器（第 9 章参照）の試験，強力な衝撃的機械力の発生などに用いられる．

a. 発生法

多数のコンデンサやケーブルに電荷を蓄えておき，同時に負荷に放出すると，インパルス大電流が得られる．インパルス高電圧の発生には，多数のコンデンサを直列に接続するが，この場合には，並列に接続する．発生用回路の一例を図 7.20 に示す．S_1，S_2 は始動電極付きのギャップスイッチ，C は高電圧大容量のコンデンサである．簡単のためコンデンサは 2 台だけ示してある．回路のインダクタンスを小さくするため，電流の往路と復路とはできるだけ接近させ，コンデンサと負荷との間は多数の同軸ケーブルや平行平板導体で接続する．コ

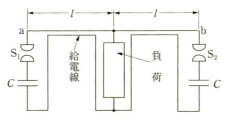

図 7.20 インパルス大電流発生装置
（コンデンサは 2 台だけ示してある）

ンデンサを充電しておいて $S_1, S_2, \cdots$ を同時に閉じると，負荷にインパルス大電流が流れる．

b. スイッチの並列運転

図 7.20 の S_1, S_2 のように並列運転をするスイッチには，タイムジッタの小さいことが要求される．次に，どの程度のタイムジッタが許されるかを調べてみよう．

いま，S_1 だけが放電（閉路）したとすると，a 点の電圧は，コンデンサの充電電圧 V になる．この電圧変動は速度 v_0 で右方向へ伝搬し，最終的には b 点の電圧も V になる．このとき，S_2 の主電極間の電圧はゼロになるので，S_2 の放電が難しくなる．これを避けるため，a 点の電圧変動が b 点に到達するまでに S_2 を放電させるとすれば，S_2 のタイムジッタは $2l/v_0$ 以下でなければならない．ただし，l はスイッチと負荷間の線路の長さである．いま，l が約 5 m，v_0 が光速 (3×10^8 m/s) 程度とすれば，タイムジッタは約 30 ns 以下でなければならない．なお，始動時間はギャップ長（主電極間の距離）によって変わるので，$S_1, S_2, \cdots$ のギャップ長は同一に保つ必要がある．

c. ギャップスイッチの始動特性

ギャップスイッチの始動特性は，電極に加える電圧の極性によって変わる．例えば，放電電圧が数十 kV のギャップスイッチでは，図 7.21 のように始動電

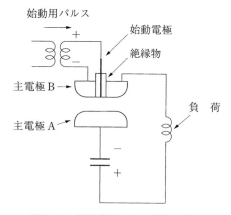

図 7.21 始動特性のよい電極の極性

極が正，主電極 A が負極性のとき，すなわち両者間で放電が起こりやすいときに，始動時間とタイムジッタが最も小さい[17]．始動電極の周囲の絶縁物の厚さを小さくすると特性が悪くなる．主電極間のギャップ長が大きすぎると始動特性が著しく悪化するので，これに注意すればタイムジッタを数 ns 以内に抑えることができる．

d. クローバスイッチ

図 7.22 の回路でスイッチ S_1 を閉じてコンデンサ放電を行うと，コイルには図 7.23 の i_0 のように振動する電流が流れる．ところが，スイッチ S_2 を電流 i_0 が最大になる時刻 $t = t_0$ の近傍で閉じると，コイルに 1 方向の大きい電流を流すことができる．$t = t_0$ ではコンデンサの端子電圧はゼロとなり，コンデンサのエネルギーはすべてコイルに与えられる．S_2 を閉じてからはコイルのエネルギーは回路 abcd 内の抵抗で消費され，コイルに流れる電流 i は回路内のインダクタンスと抵抗で決まる時定数で減衰し，非振動となる．S_2 を**クローバスイッチ**（crowbar switch）という．強磁界をつくるような場合，このスイッチがあると，長時間維持できるので都合がよい．

クローバスイッチは，$t = 0$ でコンデンサの充電電圧に耐え，しかも電極間電圧がきわめて小さいとき（$t = t_0$ の近傍）に閉路できるものでなければならない．それには，イグナイトロンや**真空ギャップスイッチ**などがある．後者は，図 7.21 の主電極間を真空にしたものである．ただし，始動電極と電極 B 間を

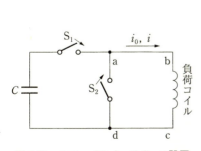

図 7.22 クローバスイッチ S_2 の設置

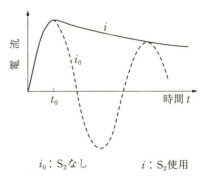

i_0: S_2 なし　　　i: S_2 使用

図 7.23 クローバスイッチ S_2 による電流の変化

放電しやすくしておく．真空の絶縁耐力は大きいので，ギャップ長を小さくできる．また主電極間に絶縁気体が無いので，$t = t_0$ の近傍において始動電極と電極 B 間の放電でプラズマをつくると，主電極間はただちにプラズマで満たされ，スイッチは閉じられる[18]．イグナイトロンでは，水銀陰極と始動電極間の放電でつくられた水銀蒸気プラズマで，陰極と陽極間が閉じられる．

・POINT・

1. 交流高電圧の発生には，変圧器が用いられる．特に高い試験電圧の発生には，試験用変圧器の縦続接続が行われる．コンデンサやケーブルの試験には，直列共振を利用した交流高電圧発生法が用いられる．
2. 直流高電圧の発生には，主として交流高電圧を整流する方法が用いられる．特に高い電圧の発生には，コッククロフト-ウォルトン回路あるいはファンデグラフ発電機が用いられる．
3. 高電圧のパルスパワーの発生には，マルクス発生器や変圧器が用いられる．
4. マルクス発生器を用いると，各種のインパルス高電圧を発生できる．
5. 多数のコンデンサの並列放電により，インパルス大電流を発生できる．

演習問題

7.1 図 7.3 の回路で L と C を共振させたとき，C の端子間に発生する電圧 V_C を求めよ．ただし，共振時における変圧器の 2 次電圧を V_0，回路の抵抗を R，$\omega L/R = 50$ とする．ここに ω は電源の角周波数である．

7.2 試験用変圧器の高電圧端子に大きな静電容量の負荷を接続すると，その端子に巻数比以上の高電圧が発生する．その理由を述べよ．

7.3 図 7.7 の回路では，どのようにして直流高電圧が発生するか説明せよ．

7.4 図 7.24 の回路において，始動ギャップ S_1 が放電により短絡されたとき，ギャップ S_2 に加わる電圧はいくらか．また S_1，S_2 が短絡されたとき S_3 に加わる電圧はいくらか．ただし，S_1 が放電する前にすべてのコンデンサは電圧 V_C に充電されている．また，S_1，S_2，S_3 が放電する時間内では，R_h を通して流出する電荷は無視できる．

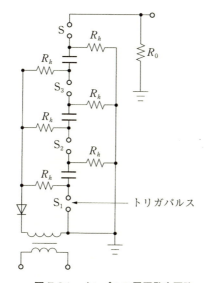

図 7.24 インパルス電圧発生回路

7.5 パルス電圧発生における瞬間的充放電の利点について述べよ．

7.6 高電圧線路の絶縁に純水を用いるとサージインピーダンスを小さくできる理由を説明せよ．

· PAUSE ·

大哲学者 西田幾多郎先生の日記

コッククロフト-ウォルトン回路にみられるように，電圧発生ユニットを何段も積み重ねると，非常に高い電圧を発生できる．これと同様に，日々の学習を重ねると，高度の学識が得られるといわれている．問題は生身の人間が，どのようにすれば，積み重ねを長く続けることができるかである．私の経験からすると，三日続けばいい方である．これを延ばす何かよい手立てはないものかと，学習法の書物をのぞいてみた．ところが本を開いた途端，「断固たる意志を持たない人は，この本を読むべからず」とあった．まさに門前払いである．しかし，何か話が変である．というのは，断固たる意志を持っていたら，わざわざ，このての本を読む必要がないからである．

このようなとき，次の本に紹介されている大哲学者 西田幾多郎先生（昭和15年文化勲章受章）の日記を読み，何か救われたような気がした．その本とは，金沢工業大学元学長 京藤睦重著「完全燃焼」（発行所 金沢工大出版局，発売所 丸善，1983年）である．これには明治30年から38年に至る西田先生の日記の一部が抜き書きされている．当時，西田先生は主として旧制第四高等学校（所在地 金沢）の教授をしておられ，大著「善の研究」は，この頃の長い期間にわたる思索の積み重ねの成果である．

西田先生の日記は簡単で，毎日1行か2行である．そして，「菓子を食いすぎたり．菓子はこれより断然廃すべし」，「菓子を食う」，「食事の外間食すべからず．胃のあしきは大いに元気をそぐ」，「今日止めんと思ふていた間食をまたなした」，といった決意と挫折が，何年にもわたって延々と続いている．

この西田先生の日記と優れた業績は，どんな誘惑にも負けない断固たる意志を持ちあわせなくても，目的をあきらめる必要がないことを示している．

8 高電圧・パルスパワーの測定

本章では，定常状態の高電圧およびパルスパワーの発生に伴うインパルス高電圧，インパルス大電流の測定法の原理について述べる．

8.1 交流高電圧の測定

8.1.1 変圧器を用いる方法

この方法では，高電圧を変圧器で低い電圧にして測定する．このための変圧器を，**電磁形計器用変圧器**（electromagnetic type potential transformer：略称 PT）という．PT は，精度がよく，300 kV 程度のものまで製作され，電力系統や高電圧試験などの電圧測定に広く用いられている．

8.1.2 静電容量を用いる方法

この方法では，耐電圧の高いコンデンサ，コンデンサブッシング，高電圧設備の導体間，などの静電容量を用いて高電圧を測定する．静電容量は，絶縁が容易な形の電極で得られるので，1 000 kV 程度以上の測定も可能である．

a. 静電容量分圧法

図 8.1 (a) に示すように，高電圧コンデンサ C_1 と低電圧コンデンサ $C_2(C_2 \gg C_1)$ を直列に接続し，C_2 の端子電圧 V_2 を入力インピーダンスの高い電圧計で測定すると，高電圧側の電圧 V_1 は，$V_1 = (C_1 + C_2)V_2/C_1$ により求められる．分圧比 V_2/V_1 が周波数の変動に左右されないこともあり，静電容量分圧法

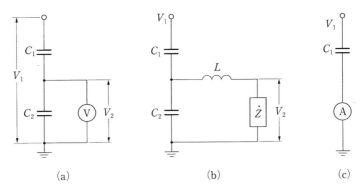

図 8.1　静電容量を用いる方法

は広い分野で用いられている．

　C_1 が小さいと，漂遊静電容量の影響が大きくなり，他の物体が近づくと分圧比が変化する．このため，通常 500 pF 程度以上のコンデンサが用いられる．ただし，C_1 が静電的に遮へいされている場合には，C_1 は小さくてもさしつかえない．したがって，金属製の容器に収められた非接地の導体間（その一方に高電圧が印加されている）の電圧を測定する場合には，導体間の静電容量を C_1 として利用できる．この方法は，ガス絶縁開閉装置（9章参照）などで用いられている．

b. コンデンサ形計器用変圧器

　図 8.1 (b) では，入力インピーダンスの低い計器も使えるように工夫されている．図のようにインダクタンス L を通してインピーダンス $\dot{Z}$ の計器を接続すると，$\dot{Z}$ の端子電圧 V_2 と V_1 との間には

$$\frac{V_1}{V_2} = \frac{C_1 + C_2}{C_1} + \frac{1 - \omega^2 L(C_1 + C_2)}{j\omega C_1 \dot{Z}} \tag{8.1}$$

が成立する．したがって，あらかじめ $1 - \omega^2 L(C_1 + C_2) = 0$ となるように L を調整しておくと，電圧比は $\dot{Z}$ と無関係になる．この方式の測定器を，**コンデンサ形計器用変圧器**（capacitance potential device：略称 PD）という．C_1 には OF 式コンデンサが用いられ，1000 kV 程度のものまで製作されている．

c. 充電電流法

図 8.1 (c) の回路で C_1 の充電電流を測定して，V_1 を求める．PD とこの方法では，周波数の変動や高調波の存在に注意する必要がある．

8.1.3 球ギャップを用いる方法

2.7 節で述べたように，球ギャップのフラッシオーバ電圧は，印加電圧の波形や湿度にも左右されず，放電ごとのばらつきも小さい．このため，球ギャップは，古くから高電圧の測定に用いられている．高電圧試験の標準規格などに詳しく測定法が記載されており，それに従って測ると，±3%以内の精度が得られる[16]．

球ギャップを用いる方法には，他の測定器を介さず直接電圧を測定できるという利点があり，かつては球ギャップだけが高電圧試験の標準測定として認められていたほどである．ただし，球電極の表面を傷つけないように注意する必要がある．

8.1.4 静電電圧計

電極間に電圧 V を加えると，電極に V^2 に比例した吸引力が働く．これを利用したものが，**静電電圧計** (electrostatic voltmeter) である．その構造の一例を図 8.2 に示す．固定電極に電圧を加えると，可動電極が吸引力により右

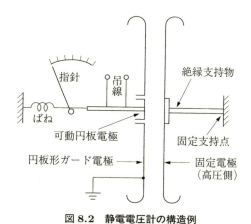

図 8.2 静電電圧計の構造例

方へ移動し，これと連動して指針が動く．交流の場合には，電圧瞬時値の2乗に比例した力が働き，その平均値が指示されるので，実効値が得られる．同図のガード電極は，固定電極と可動電極との間の電界分布を一様にするとともに，可動電極を機械的に保護している．静電電圧計は，500Vから特殊なものでは1000kV程度のものまで製作されている．絶対測定ができ，入力インピーダンスがきわめて高い，などの大きな利点があるが，機械的に弱いので，ていねいに取り扱うことが必要である．

8.2 直流高電圧の測定

直流高電圧の測定にも球ギャップや静電電圧計が使用できる．これ以外の測定法を次に述べる．

8.2.1 高電圧用高抵抗を用いる方法

図8.1 (a)，(c) の C_1，C_2 の代りに，抵抗 R_1，R_2 を用いる．常時電流が流れてジュール熱を発生するので，R_1 を数百MΩ以上にし，場合によっては空冷あるいは油冷とする．高電圧により，抵抗体の支持物（例えば油入式抵抗の容器）の表面に漏れ電流が流れる．R_1 を大きくすると，R_1 の電流に対する漏れ電流の割合が増え，分圧比にも影響を及ぼす．したがって，R_1 を特に大きくする場合には，漏れ電流の抑制が必要となる．

8.2.2 可動電極で静電容量を変化させる方法

a. 振動電圧計

図8.3において，ガード電極Gの中心部に設けられた可動電極Aと電極Hの間の静電容量を C とする．AとHの間に一定の直流電圧 V を加えると，電極Aには電荷 $Q = -CV$ が生じる．電磁コイルなどによりAに電界方向の周期的微少振動を与えると，それに応じて C が変化し，電流 i が流れる．電流 i は C の変化量と V によって決まるが，C の変化量は電圧計製作時に調べられているので，i を測定すると V が求められる．この方法は直流電界の測定にも用いられる．

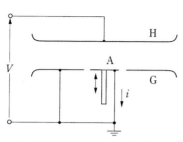
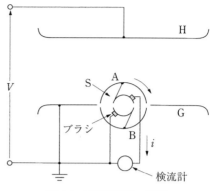

A：可動電極，G：ガード電極，
H：高圧側電極

図 8.3　振動電圧計の原理　　　　図 8.4　回転電圧計の原理

b. 回転電圧計

この電圧計では，図 8.4 に示すように，ガード電極 G の中央部に設けられた半円筒形の回転電極 A，B が，整流子 S およびブラシにより検流計に接続されている．同期電動機により電極 A，B を一定速度で回転させると，電極 H と回転電極間の静電容量 C が時間的に変化するため，電流 i が流れる．C の変化量はあらかじめ調べられているので，i を測定すると，電極 H の電圧 V が求められる．この電圧計の精度は約 1% で，1000kV 程度の測定に用いられた例もある．

8.2.3　棒ギャップ

直流電圧の測定に球ギャップを用いると，大気中のちりが静電気によって引き寄せられて電界方向に配列するため，低い電圧で放電することがある．このため，測定精度が悪化し，±5% 程度になる．IEC（国際電気標準規格）では，棒ギャップを標準測定器として採用している．棒ギャップのフラッシオーバ電圧は湿度の影響を受けるので，その補正が必要となる．測定精度は ±3% である[19]．

8.3 インパルス高電圧の測定

8.3.1 球ギャップ

球ギャップは，交流電圧の場合と同様に，高電圧試験における標準雷インパルス電圧や開閉インパルス電圧の波高値の測定に広く用いられている．

8.3.2 分圧器を用いる方法

この方法では，インパルス高電圧を分圧器で低い電圧にしてオシロスコープなどで測定する．

a. 分圧器

インパルス高電圧測定用の分圧器は，高電圧に耐え，しかも非常に高い周波数成分が含まれているインパルス電圧をそのままの形で分圧できるものでなければならない．したがって，その製作は一般に容易ではない．しかし，現在では，高電圧送電の分野における永年の研究や，パルスパワー応用などの分野における研究により，各種の分圧器が開発されている[16,20]．その二，三を次に紹介する．

(1) 抵抗分圧器

図 8.5 (a) のように高抵抗 R_1 と低抵抗 R_2 とを直列に接続したもので，構造が最も簡単である．ところで，抵抗やコンデンサをつくる場合，絶縁などのために，電流の往路と復路間の距離をゼロにはできない．このため，実際の抵抗やコンデンサは，ある程度のインダクタンスをもっている．これを残留インダクタンスという．分圧器用の抵抗には，残留インダクタンスの小さいことが要求される．このため，R_1 には，(1) マンガニンなどの金属抵抗線を図 8.6 のように巻いたもの，(2) 硫酸銅などの溶液を絶縁筒に入れた電解液抵抗，(3) ソリッド抵抗，などが用いられる．また必要に応じ，抵抗を油入式などにして小型にする．

(2) シールド抵抗分圧器

抵抗 R_1 の各部には，図 8.5 (b) のように対地漂遊静電容量 C が存在し，これを通して電流が大地へ流出するので，分圧波形にひずみが生ずる．この対策

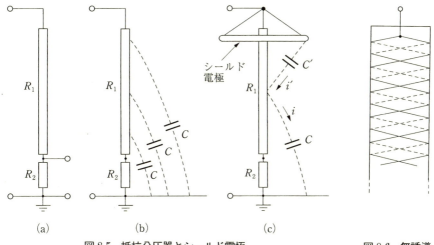

図 8.5 抵抗分圧器とシールド電極

図 8.6 無誘導巻き抵抗の例

として，同図 (c) のように**シールド電極**を設ける．シールド電極の形状を適切に設計し，シールド電極と抵抗体各部との間の漂遊静電容量 C' を通して抵抗体に流入する電流 i' により，C を通して抵抗体から大地へ流出する電流 i を補償する．こうすると，対地漂遊静電容量の影響を受けることなく，急しゅんなインパルス高電圧を測定できる．この分圧器を，シールド抵抗分圧器という．

シールド電極により，抵抗体の各部において i と i' の和がゼロになると，電流はすべて抵抗体に沿って流れ，電界分布は一様となる．これに対しシールド電極が無いと，図 8.5 (b) の R_1 の上部（高電圧側）ほど大きい電流が流れ（C を通して大地に流れる電流はすべて上部の抵抗を通る），局部的に高電界が発生する．このように，シールド電極は測定精度を向上させるばかりでなく，抵抗の絶縁破壊の防止にも役立っている．しかも，抵抗体外部におけるコロナ放電の発生を防止するのにも有用である．このため，シールド抵抗分圧器はインパルス高電圧の測定に最も一般的に用いられている．

なお，対地漂遊静電容量による局部的高電界の発生は高インピーダンスの装置に共通した現象であり，シールド電極はその抑制に広く用いられている（例えば次章の懸垂がいし，避雷器）．

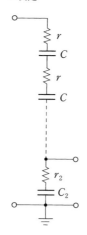

図 8.7 制動容量分圧器

(3) 制動容量分圧器

　残留インダクタンスがきわめて小さいコンデンサが開発されているので，それを利用すると，急しゅんなインパルス高電圧を測定できる．その例が図 8.7 に示す制動容量分圧器である．抵抗 r は，コンデンサの残留インダクタンスと静電容量 C との共振を抑制するためのものである．r が無いと，測定波形に高周波振動が現れる．測定電圧に直流分が含まれている場合には，高抵抗を C，r と並列に接続して分圧する．

　パルスパワー発生装置は，密封構造でコンパクトにつくられることが多い．このため，小型で性能のよい分圧器の開発が重要な研究課題になっている．

b．測定回路

　分圧された電圧は，図 8.8 のように同軸ケーブル D で測定器まで伝送される．いま，インパルス高電圧 e_0 が分圧器に印加され，それにより図の a，b 間に電圧 e が発生し，ケーブルに電流 i が流入したとする．ケーブルは分布定数回路であり，サージインピーダンスを Z とすると，$e = Zi$ が成立する．したがって e_0 と e の関係は，R_2 に抵抗 Z を並列に接続した図 8.9 の等価回路で求められる．

　電圧印加後，e，i はケーブルを伝わって進行し，右端に到達する．あらかじめ $R_3 = Z$ としておくと $e = Zi$ が成立するので，e，i にとってはケーブルが

8.3 インパルス高電圧の測定

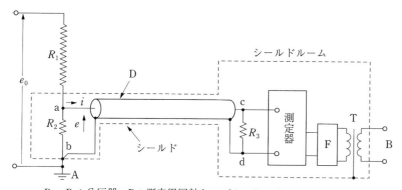

R_1, R_2：分圧器，D：測定用同軸ケーブル，$R_3 = Z$，
F：フィルタ，T：静電シールド付絶縁変圧器，B：電源

図 8.8　測定回路の例

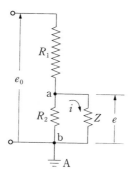

図 8.9　電圧 e_0 を印加した直後の等価回路

右方向に長く延びているのと同じである．このため，ケーブルの右端で e の波形は変化しない．つまり，$R_3 = Z$ としておいて，その端子電圧を測定すると e がわかる．e の値と図 8.9 の関係を用いて計算すると，e_0 が求められる．なお，$R_3 \neq Z$ ならば反射波が生じ，R_3 の端子電圧は e と異なったものとなる．

8.3.3　ノイズ対策

　以上では触れなかったが，e の測定は一般に容易ではなく，ノイズ（雑音）の除去という難しい問題を克服して初めて可能となる．実は，パルスパワー発生装置が大電力を瞬間的に放出すると，電磁的・静電的結合などにより，付近の

電気回路や導体に大きな高周波電圧・電流が発生する．例えば，接地線の一端に急しゅんな電圧が加わると，接地線は分布定数回路として作用し，電圧サージが接地線に沿って往復を繰り返すので，接地点の電位は激しく変動する．このような現象を，大地電位の動揺などとよぶ．大地電位の動揺により図 8.8 の A，B 間などに大きな高周波電圧が発生すると，測定回路はそれらの妨害を受け，測定信号に激しいノイズが重畳し，場合によっては測定器が破損する．このため，パルスパワー発生時の測定には十分なノイズ対策が必要となる．対策法の例を次に示す．

〔対策例 1〕 図 8.8 の接地 A → ケーブル D → 測定器 → 電源 B の回路のインピーダンスを大きくして，測定器に流れる電流を抑制する．具体的には，(1) 測定器の電源回路に何段かの絶縁変圧器とフィルタを挿入する．絶縁変圧器には 1 次，2 次巻線間の静電容量ができるだけ小さいものを用いる．(2) さらにインピーダンスを大きくするには，同軸ケーブルの使用をやめ，測定電気信号を光信号に変換し，光ファイバにより測定器まで伝送する（後述）．光ファイバは絶縁体であるから，電流は流れない．

〔対策例 2〕 図 8.8 のように測定回路をシールドする．こうすると，(1) 分圧器とケーブルの接続部分などへの電磁誘導が減る．(2) 高周波の妨害電流は表皮効果により外側のシールドに多く流れ，同軸ケーブルを伝わってシールドルームの内部に侵入する妨害電流が減る．必要に応じ，何重にもシールドする．

〔対策例 3〕 (1) パルスパワー発生装置を金属容器で密封する，(2) 装置を大地から離して設置する，などの方法により，大地電位の動揺を抑制する．

8.3.4　インパルス波高電圧計

図 8.10 のコンデンサを測定電圧波高値まで充電し，入力インピーダンスの高い増幅器を通して電圧を測定する．分圧器を用いることにより，高電圧が測定できる．ただし，この電圧計を用いる場合には，測定波形にノイズが重畳していないことをあらかじめオシロスコープで確認しておく必要がある．

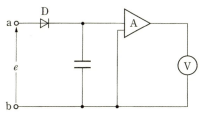

D：整流器，A：増幅器，V：計器

図 8.10　インパルス波高電圧計

8.4　インパルス電流の測定

8.4.1　ロゴウスキーコイル

インパルス電流の測定には，製作が比較的容易で，しかも被測定回路に直接接続する必要がない**ロゴウスキーコイル**（Rogowski coil）が広く用いられている．ロゴウスキーコイルは，図 8.11 のような巻き方をしたコイルで，測定しようとする電流の流れる導体の周囲に置かれ，電磁的に結合される．電流回路とロゴウスキーコイルの相互インダクタンスを M とすると，インパルス電流 i が流れたときロゴウスキーコイルの両端に発生する電圧 e の大きさは

$$e = M(\mathrm{d}i/\mathrm{d}t) \tag{8.2}$$

で与えられる．したがって e を時間積分すると電流が求められる[21]．

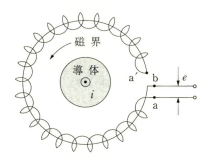

図 8.11　ロゴウスキーコイル

a から a′ までコイルを巻き，a′ から巻戻しをせずに直接 b に接続したとすると，1 回巻きのループができる．このループに電流と平行の磁束が鎖交すると，ab 間に電圧が生じ誤差となる．

8.4.2 分流器

電流発生回路に抵抗 R を直列に挿入し，電流を流したときの端子電圧をオシロスコープで測定する．その値を R で除すと電流が求められる．この抵抗を**分流器**（shunt）という．

図 8.12 に示す折返し形分流器では，抵抗板 apb による電圧降下を測定して電流を求める．ただし，apb の回路には電流による磁束が鎖交するため，磁束の時間変化による電圧が測定信号に入ってしまう．

このため，時間変化の激しい電流の測定には，図 8.13 に示す同軸円筒形分流器が用いられる．この分流器では，円筒形抵抗の内部の空間には電流による磁界は存在しない．したがって apb の回路で電圧を測定すると，抵抗による電圧降下をより正しく知ることができる．

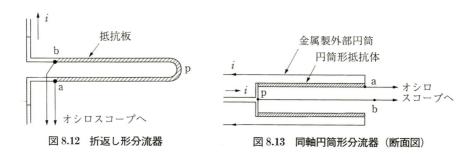

図 8.12　折返し形分流器　　　　図 8.13　同軸円筒形分流器（断面図）

8.4.3　インパルス電圧・電流の簡易測定法

以下の方法は，測定精度は劣るが，電源が不要で簡便かつ安価なため，送電線路や避雷針への偶発的な落雷などの測定に用いられる．

a. クリドノグラフ

クリドノグラフにより，インパルス電圧の極性と波高値を知ることができる（第 3 章参照）．

b. 磁鋼片

磁鋼片は，残留磁気の大きい鋼板を積み重ね，直径 2 cm，軸長 6 cm 程度の絶縁円筒内に封入したものである．送電用の鉄塔や避雷針などに設置しておいて雷電流で磁化させ，それによる残留磁気を測定し雷電流の波高値を求める．

8.5 光応用計測[19, 20]

〔電流-光変換応用〕

最近では，高電圧大電流の測定に光学的手法が多く用いられている．その一例を図 8.14 に示す．発光ダイオードに電流を流すと，電流の大きさに比例した光出力が得られる．これを光ファイバで測定室に伝送し，ホトダイオードあるいは光電子増倍管で電気信号に変換して測定する．光ファイバは絶縁体のため，測定用ケーブルの接続によるノイズの問題から解放される．また高電圧部の電流や電圧の測定が容易である．

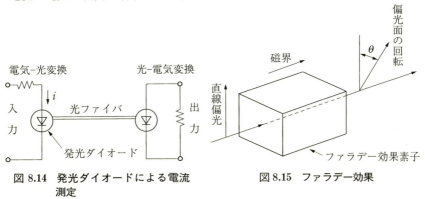

図 8.14 発光ダイオードによる電流測定

図 8.15 ファラデー効果

〔ファラデー効果の応用〕

電流の測定には，ファラデー効果（Faraday effect）を利用した測定器も用いられる．ファラデー効果とは，鉛ガラスなどを通過する直線偏光の偏光面が，図 8.15 のように磁界によって回転する現象である．磁界と回転角度 θ の関係はわかっているので，回転角度を測ると磁界の強さがわかり，これより電流が求められる．光の伝送は光ファイバで行う．この測定法には，(1) 高電圧部の

磁界，電流の測定が容易である，(2) 直流からインパルス電流まで測定できる，などの利点がある．

〔ポッケルス効果の応用〕

図 8.15 において，鉛ガラスの代りに BSO（ビスマスシリコンオキサイド：$Bi_{12}SiO_{20}$）などを用いると，電界によって透過光の偏光状態が変わる．これを**ポッケルス効果**（Pockels effect）という．ポッケルス効果を利用すると，電界またはポッケルス素子に加えられた電圧を測定できる．この方法の利点は，(1) 入力インピーダンスの大きい電圧計をつくることができる，(2) 金属を使わずにセンサを構成できるので，空間の電界を乱すことが少なく，空間の電界分布の測定に適している，(3) 高電圧部の測定が容易である，(4) 直流からインパルス電圧まで測定できる，などである．

> **・POINT・**
>
> 1. 高電圧の測定には次の方法が用いられる．(1) 変圧器や分圧器により電圧を低くして測定する，(2) 高電圧用のコンデンサや高抵抗に流れる電流値から電圧を求める，(3) 放電現象，静電気力，ポッケルス効果などを利用する方法．
> 2. インパルス電流は，ロゴウスキーコイル，分流器，ファラデー効果の利用，などにより測定できる．

演習問題

8.1 棒ギャップがインパルス電圧の測定に用いられない理由を述べよ．

8.2 シールド抵抗分圧器におけるシールド電極の役割を説明せよ．

8.3 図 8.8 の分圧測定回路において，e_0 がインパルス電圧の場合と直流電圧の場合の e/e_0 を比較せよ．ただし，e は $R_3 (= Z)$ の端子電圧である．また，ケーブルの抵抗は無視できるとする．

8.4 図 8.8 において，点 a と同軸ケーブルの間に抵抗 R_4 を挿入し，同軸ケーブルを伝わって右方向から分圧器に侵入するサージ電圧に対して無反射としたい．R_4 はいくらにすればよいか．ただし，$R_1 \gg R_2$, $R_2 < Z$ とする．

8.5 ロゴウスキーコイルによるインパルス電流の測定法について説明せよ．

9 高電圧プラズマ応用

9.1節と9.2節では，高電圧による大電力の長距離輸送と荷電粒子ビームの加速について述べる．この分野では，絶縁破壊のないことが要求される．9.3節以降では，部分放電，フラッシオーバ，プラズマの順に，それぞれの応用について述べる．

9.1 大電力の長距離輸送

9.1.1 高電圧の必要性

現在，大電力の長距離輸送には，3相交流が主として用いられている．3相の送電線により，発電所から遠方の変電所まで輸送できる最大電力 P_m は，電線が十分太い場合

$$P_m \fallingdotseq V^2/X \tag{9.1}$$

で与えられる．ここで，X は線路1相分当りのリアクタンス，V は送電線の線間電圧である[12]．電線をいかに太くしても，上式の P_m 以上の電力は送ることができない．

以上のように，P_m は送電線の電圧の2乗に比例して増加する．したがって大電力の長距離輸送には高電圧が必要になる．わが国の電力の輸送量は，米国，ロシアに次いで大きく，このため送電電圧も高い．1973年には500kVの送電線路が建設され，近い将来には1000kVの送電も開始される予定である．

送電電圧が高くなると，それにつれて絶縁が難しくなる．また，送電用の鉄塔も高くなるので，雷などの被害を受けやすくなる．そのうえ，リアクタンス X をできるだけ小さくしなければならない．このため，永年にわたる研究と経験をもとに，さまざまな方法が用いられている．次にその一端を紹介する．なお，直流を用いると，X による P_m の制約は避けられる．しかし，電線量を少なくするため，高電圧は必要である．

9.1.2 架空送電線路

送電線路には架空線式と地中線式とがあるが，ここでは，雷などの被害を受けやすい架空線式について述べる．架空送電線路の一例を図 9.1 に示す．鉄塔の両側には，それぞれ 1 組の 3 相電線が架設されているが，このような方式は**並行 2 回線**とよばれ，重要な送電線路に広く用いられている．

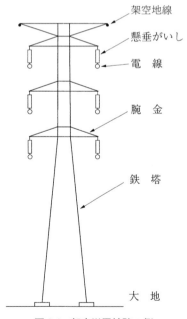

図 9.1 架空送電線路の例

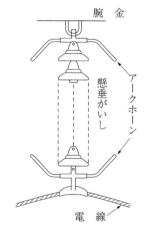

図 9.2 懸垂がいしとアークホーン

a. がいし（碍子）

電力を送るための電線は，**懸垂がいし**（suspension insulator）などによって鉄塔から絶縁されている．懸垂がいしは，図9.2に示すように複数個が連結され，発生頻度が高い開閉サージに対してはフラッシオーバが生じないようになっている．

懸垂がいしの両端には，図のような**アークホーン**（arcing horn）が取り付けられることが多い．この目的は，(1) 雷サージなどによってフラッシオーバが生じたとき，放電路を碍子の表面から遠ざけ，アークによる碍子の破損を防ぐ，(2) 前章で述べたシールド電極と同様に，各碍子の電圧分担を均一にする．アークホーンがないと，電線に近い碍子に大きな電圧がかかり，それが放電すると他の碍子も次々に放電してしまう．したがって碍子数を増しても，それに比例して耐電圧が増えない，(3) 碍子取付け金具付近の電界を緩和してコロナ放電の発生を防止する，などである．電圧が特に高い線路では，リング状の電極が用いられる．これを**アークリング**という．

b. 多導体方式

電圧が高くなると，送電線のコロナ放電が問題になる．コロナ放電が起こると，高周波の雑音電波（**コロナ雑音**）や電力損失（**コロナ損**）が生じる．また降雨時には，コロナ放電による騒音（**コロナ騒音**）が激しくなる．このため，電圧の高い送電線路では，**多導体方式**が採用される．これは1相当り図9.3のように複数の電線を用いるもので，(1) 半径が非常に大きい電線を使った場合

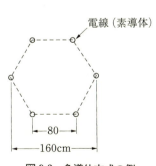

図9.3　多導体方式の例

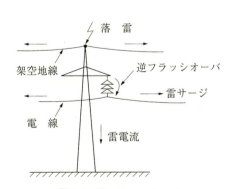

図9.4　逆フラッシオーバ

のように電界が緩和され，コロナの発生が著しく減少する，(2) 線路のリアクタンス X が大幅に減少するので，多くの電力を送ることができる，などの利点がある．

c. 架空地線

電線への落雷を防止するため，図 9.1，9.4 に示すように，鉄塔頂部に架空地線が設けられている．鉄塔あるいは**架空地線**に雷が落ちると，雷電流が鉄塔を通って大地に流れる．このとき，電流が非常に大きいと，鉄塔上部の電位が上昇し，図 9.4 のように鉄塔側から電線へのフラッシオーバが生ずる．これを，**逆フラッシオーバ**（back flashover）という．逆フラッシオーバが起こると，電線には高電圧のサージ（雷サージ）が発生し，発電所や変電所に侵入する．また，逆フラッシオーバが生じた場所では，雷放電終了後も電源電圧による交流電流が流れ続け，地絡故障の状態となる．このため，鉄塔の接地抵抗をできるだけ小さくし，逆フラッシオーバの発生を極力抑制している．また，万一地絡故障が生じても，瞬間的に地絡アークを消滅させ，無停電で送電できるように工夫されている．これについては次項で説明する．

9.1.3 変電機器

変電所には，送電線の電圧を下げるための電力用変圧器のほかに，避雷器，遮断器，計器用変圧器などが設置されている．次に，二，三の機器について，高電圧に関連した事項を説明する．

a. 避雷器

逆フラッシオーバなどによって発生した高電圧サージが変電所に侵入したとき，その波高値を制限して変電所の機器を保護するため，図 9.5 のように**避雷器**（surge arrester）が設置される．現在では，そのほとんどが**酸化亜鉛形避雷器**である．これは，酸化亜鉛（ZnO）を主成分とする円盤状の焼結抵抗体（酸化亜鉛素子）を何個も積み重ね，容器に入れて密封したもので，図 9.6 のような電圧電流特性を示す．

通常の状態では避雷器にはほとんど電流が流れないが，高電圧サージが侵入すると，避雷器は低抵抗として作用し，サージに伴う電流を大地に放出してサージ電圧を V_s 以下に制限する．この避雷器はわが国で開発され，性能が非

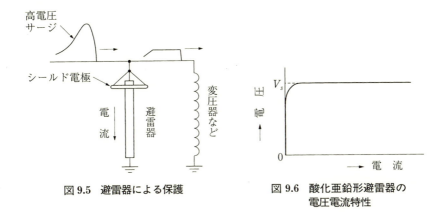

図 9.5　避雷器による保護　　　　図 9.6　酸化亜鉛形避雷器の
　　　　　　　　　　　　　　　　　　　　　電圧電流特性

常に優れているので，諸外国でも広く用いられている．

　高電圧用の避雷器には，図 9.5 に示すようなシールド電極が取り付けられているが，これは，シールド抵抗分圧器やアークホーンと同じ原理により，各抵抗体にかかる電圧を均一にするためのものである．電圧分担が極端に不均一の場合には，一部の抵抗体が過電圧で低抵抗になると，隣接する抵抗体に過電圧が加わり，次々と低抵抗になる恐れがある．

b. 遮断器

　線間短絡や地絡のような異常状態の電気回路を開閉できる装置を，**遮断器** (circuit breaker) という．

　性能のよい遮断器と保護継電器（故障を検出して遮断器に動作信号を与える装置）を用いると，逆フラッシオーバにより地絡故障が生じた場合でも，無停電で送電を続けることができる．すなわち，故障発生と同時に故障が生じた線路を発電所と変電所で開き，線路を短時間無電圧にしてから再び閉じる．無電圧の間に故障によるプラズマは消滅し（プラズマの消滅に必要な時間はあらかじめ実験で調べておく），閉路後は元通り電力を送ることができる．これを**高速度再閉路**という．無電圧の間は，故障が生じなかった送電線（例えば並行 2 回線の一方の回線）で電力を送る．ただし，遮断器などの性能が悪くて再閉路に時間がかかると，同期はずれという現象が起こるため，無停電での送電はできなくなる．

従来さまざまな遮断器が開発されているが，最近では，ガス遮断器と真空遮断器が多く採用されている．

(1) ガス遮断器（gas circuit breaker）

ガス遮断器は，図 9.7 に示すように，SF_6 ガス中に設けられた可動接点の運動で回路の開閉を行う．図には，電流を遮断して開路しようとする場合が示してある．可動接点を固定接点から引き離すためにシリンダを高速で右方向に動かすと，圧縮室のガスが急速に圧縮され，圧縮されたガスはノズルを通して噴出し，接点間のアークを吹き消す．

SF_6 ガスは，絶縁耐力が大きく，しかもアーク時定数が小さいので，これを用いた SF_6 ガス遮断器には次のような利点がある．(1) 電流遮断後の絶縁耐力の回復がきわめて早いので，遮断に伴って接点間に高周波の高電圧が発生するような場合でも高速遮断ができる，(2) 1 遮断点当りの分担電圧を大きくとれるので，遮断器を小型化できる，(3) 完全密閉型のため騒音が少ない，(4) SF_6 は不活性ガスのため，電極の消耗が少ない．したがって保守が容易である，(5) 後述のガス絶縁開閉装置と共通のガスを使用できるので，都合がよい．

(2) 真空遮断器（vacuum circuit breaker）

真空遮断器に用いられる**真空バルブ**の構造を図 9.8 に示す．バルブ内は 10^{-7} Torr 程度に排気されているので，接点間の絶縁耐力はきわめて大きく，数十 kV/mm 以上である．通電中の接点を開くと，接点間に金属蒸気のアークができる．アーク柱の外側の空間は高真空であるため激しい拡散が生じ，電流

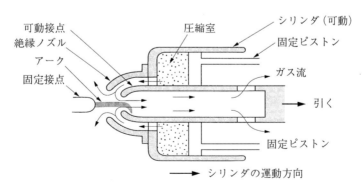

図 9.7　ガス遮断器の電流遮断

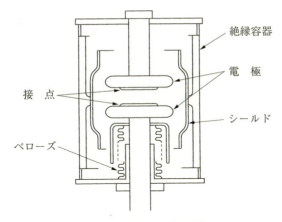

図 9.8　真空バルブの構造

が減少してプラズマの発生が弱くなると，接点間は急速に高真空に復帰し，電流は遮断される．拡散した金属蒸気はシールド面で凝結する．シールドがないと，絶縁容器の内面が汚損されて絶縁低下を招く．

真空遮断器の利点としては，(1) 高速遮断ができる，(2) 可動部が軽く，しかも接点を少し離しただけで遮断できる．したがって操作が簡単で機械的寿命が長く，多頻度動作に適している，(3) 小型軽量である，(4) 火災の危険性がない，(5) 騒音が少ない，などが挙げられる．この遮断器は，主に 70 kV 以下の系統で用いられている．

c. ガス絶縁開閉装置

用地の取得が困難なことや環境保全のため，変電所はビルや公園の地下などに設置されることが多い．これに伴い，遮断器，計器用変圧器などの高電圧機器をコンパクトにまとめて密閉し，その内部を圧縮した SF_6 ガスで絶縁する方式が開発され，広く用いられている．この方式による装置を，**ガス絶縁開閉装置**（gas insulated switchgear または substation：略称 GIS）という．その外観を図 9.9 に示す．

GIS の利点としては，(1) 変電所の面積や容積を，従来の大気中での絶縁方式に比べて大幅に縮小できる，(2) 雷，雪，塩分の多い雨などの被害を受けない，(3) 高電圧部が露出していないので安全である，(4) コロナ障害などの環

158   9 高電圧プラズマ応用

図 9.9 超高圧地下変電所の GIS. 右端に直立するのはガス遮断器（東京電力）.

境問題がほとんど解消される，などが挙げられる．ただし，万一絶縁に故障が生じると，空間が狭いため被害が大きく，修理も困難である．したがって GIS の製作にはきわめて高度の高電圧技術が要求される．

9.2　荷電粒子ビーム応用

　真空中において高電圧で加速された電子ビームやイオンビームは，次のように広い分野で用いられている．これらの応用では，真空容器に設けた電極間で絶縁破壊が生じないようにしなければならない．また，場合によっては，きわめて精度良く高電圧を一定に維持しなければならない．

9.2.1 電子管関係

a. 画像用電子管

この電子管では，高速の電子が蛍光面に当たると発光する現象を利用して画像を表示する．代表例は，テレビ，パソコン，オシロスコープなどに用いられている**ブラウン管**である．カラーテレビ用のブラウン管では，電子ビームの加速に約 20 kV の直流電圧が用いられている．テレビは，キッチンなどの湿気の多い所で用いられることがあるので，高電圧回路の絶縁が十分でないと漏電火災の原因となる．

b. 大出力マイクロ波真空管

この真空管では，高電圧で加速した電子ビームの運動エネルギーをマイクロ波エネルギーに変換している．加速電圧は数十 kV～数 MV（パルス発振を含む）である．

c. X線管

X線の発生には，陰極からの電子ビームを加速してタングステンやモリブデンなどの陽極金属に衝突させる方法が用いられる．加速電圧は，医療診断用が 25～150 kV 程度である．工業用にはさらに高い電圧が用いられている．

9.2.2 計測関係

a. 電子顕微鏡

電子顕微鏡は高速電子ビームを用いて試料の形状や結晶構造などに関する情報を得る装置であり，ビームの加速にはリプルの小さい安定した直流電源が要求される．通常，20 kHz 程度の高周波電圧で充電されるコッククロフト-ウォルトン回路，あるいはそれの変形回路が用いられる．現在，3 MV の電子顕微鏡が開発されている．

b. 表面分析

高速のイオンビームまたは電子ビームを固体表面に入射し，固体から放出される粒子のエネルギーや質量などを測定すると，固体を構成する元素の種類や，深さ方向の分布などを知ることができる．用途に応じ，数 MV までの加速電圧が用いられている．

9.2.3 ビーム加工

電子ビームやイオンビームは，照射の位置を電気的に高速・高精度で制御できる．このため，ビームをコンピュータで制御すると物質の表面に所望の図形を短時間で描くことができる．これを**ビーム描画**という．また，ビーム径，ビーム電力などのパラメータも電気的に制御できるため，自動化が容易である．これらの特長のため，近年，ビーム加工は産業面で広く用いられている．その例を次に述べる．

a. 超微細加工

電子顕微鏡の技術により，ビームの直径を $10\,\mathrm{nm}$（$= 10^{-8}\,\mathrm{m}$）程度以下に絞ることが可能であり，これを利用するときわめて微細な加工ができる．例えば，レジスト（resist）とよばれる感光性薄膜上に細く絞った電子ビームで所望の図形を描いて化学反応を起こさせた後，現像処理を行って照射した（あるいは照射しない）部分を取り除く．この方法は，LSI（大規模集積回路）の製造に不可欠である．ビームの加速にはきわめて安定した高圧電源が要求される．

b. イオン注入（ion implantation）

不純物原子をイオン化して加速し半導体結晶中に打ち込むと，pn 接合などをつくることができる．加速電圧により注入の深さが変わる．この方法には，所定の量の原子を固体中の表面に近い任意の場所に高速・高精度で注入できる利点があるため，LSI などの製造や新材料の開発に広く用いられている．イオンの加速電圧は $10\,\mathrm{kV} \sim 5\,\mathrm{MV}$ 程度である．

図 9.10 に注入装置の構成を示す．質量分離器を用いてイオン源（後述）でつくられたイオンの中から目的とするものだけを取り出して加速し，半導体または各種固体試料に注入する．加速してから質量分離を行う方式やタンデム方式（後述）も用いられる．高電圧が印加される**加速管**には 3.4.4 項で述べた分割絶縁を採用し，多数の加速電極を小間隔で設置する．加速管の外側は高圧の SF_6 ガスで絶縁する．なお，半導体への多量のイオン注入により高電界が発生し，それに伴う絶縁破壊で微細構造が損傷を受けることがある．このため，電子シャワーなどで電荷の中和が行われる．

タンデム（tandem）**方式**では，イオン源を接地側に置き，正の高電圧部の両

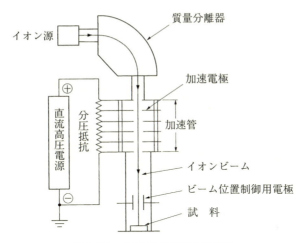

図 9.10　イオン注入装置の構成例

側に加速管を設置する．イオン源で負イオンをつくり，これを一方の加速管で加速する．高電圧部に達したところで，希薄なガス，炭素の薄膜などを通して電子をはぎ取って正イオンとし，他方の加速管で再度加速する．この方式には，(1) 高電圧を有効に利用できる，(2) イオン源を接地側に置けるので保守が容易である，などの利点がある．

c.　電子ビーム溶接

　加速された大電流電子ビームを磁界や電界で収束すると，きわめて高いエネルギー密度が得られる．これを物体に注入すると，その箇所では瞬時にして溶解・蒸発が起こり，電子ビームは物体の深い所まで到達する．この現象は溶接，穴あけ加工，高融点金属（モリブデン，タングステンなど）の溶解・精製に用いられている．電子ビーム溶接には，(1) 厚い（30 cm 程度）金属板の溶接ができる，(2) 高融点金属，異種金属間の溶接も可能である，(3) 精密溶接ができる，などの利点があるため，自動車，航空機，エレクトロニクス用機器などの製造に用いられている．電子の加速電圧は，目的に応じ，30～200 kV 程度が用いられる．

d. 電子ビーム照射

この方法では電子ビームの化学作用（例えば高分子材料の架橋）や殺菌作用を利用している．固体の状態で化学反応を起こすことができるなどの利点があり，架橋ポリエチレン絶縁電線，熱収縮チューブなどの製造，大量の医療品の滅菌，食品保存，樹脂の硬化などに用いられている．電子の加速電圧は $0.1 \sim 10\,\mathrm{MV}$ 程度である．

9.2.4 高エネルギー加速器の応用

a. 高エネルギー加速器

コッククロフト–ウォルトン回路やファンデグラフ発電機を用いた加速器では $10\,\mathrm{MeV}$ 級が上限で，それ以上の加速には**リニアック**（Linac：linear accelerator の略，ライナックともいう）や**シンクロトロン**（synchrotron）などが用いられる[22]．例えば，電子用のリニアックでは，導波管とよばれる金属製円筒の内部に高周波電力を導入して強力な電磁波をつくり，その電界で電子を軸方向に加速する．この方式により，$50\,\mathrm{GeV}$（$1\,\mathrm{GeV} = 10^9\,\mathrm{eV}$）が得られている．リニアックは効率がよいので，医療用，工業用の $1 \sim 30\,\mathrm{MeV}$ の加速にも多く用いられている．次に述べるシンクロトロンへの電子の打込みには $100\,\mathrm{MeV}$ 程度以上が用いられるが，このようにエネルギーの大きい電子の速度は光速にほぼ等しい．

シンクロトロンでは，図 9.11 に示すように，リニアックなどで予備加速した荷電粒子を紙面と垂直な磁界中に打ち込んで旋回させ，その運動に同期して高周波電界を加えて繰り返し加速する．それと同時に磁界を強くして粒子の旋回半径を一定に保つ．電子加速の場合には，予備加速した電子の速度が光速にほぼ等しいので，高周波の周波数は一定でよい．図には示していないが，粒子の軌道に沿って多数の電磁石が設置される．現在，ジュネーブ郊外のトンネルに 1 周 $27\,\mathrm{km}$ の装置をつくり，$10^{13}\,\mathrm{eV}$ 程度の陽子衝突を行う計画が進められている．

高エネルギー加速器は，もともと素粒子の研究用に開発されたものであるが，最近それ以外への応用が注目され，将来，産業面においても重要な地位を占めるものと考えられている．その応用の 1 つが，次に述べるシンクロトロン放射

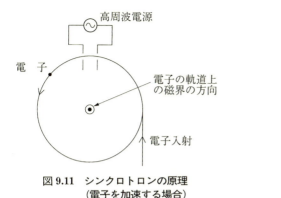
図 9.11 シンクロトロンの原理
(電子を加速する場合)

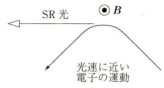
図 9.12 シンクロトロン放射

である．

b. シンクロトロン放射

　光速に近い電子は，図 9.12 のように磁界で軌道が曲げられるとき，接線方向のごく狭い角度内に光を放射する．これを**シンクロトロン放射**（synchrotron radiation：略して SR，日本では synchrotron orbital radiation を略して SOR ともよぶ）という．シンクロトロンで初めて観測されたので，このように名付けられた．

　SR 光の放射は粒子の加速にとっては損失であるが，これを調べたところ，(1) SR 光に含まれている X 線（これの波長は原子・分子の大きさと同程度である）の輝度は，X 線管のそれに比べて桁違いに大きい，(2) SR 光は平行性がきわめてよい，(3) 赤外線から X 線に及ぶ連続のスペクトルをもっている，などの事実が明らかになった．また，これにより SR 光が，(1) 物質構造や化学反応過程などの解明，(2) 半導体デバイスの超微細加工，(3) 医療診断，などに威力を発揮し，最先端の技術や研究の推進に大きく役立つであろうことが判明した．このため，先進諸国では競って SR 光専用の装置の建設を進めている．わが国でもすでに何台かが建設されている．

　SR 光発生用装置は，加速器と，図 9.13 に示す電子の**蓄積リング**（storage ring：略称 SR リング）とから構成されていて，電子の通路は高真空になっている．加速された電子を SR リングに入射させてから偏向電磁石で軌道を曲げて周回運動をさせる．そして，電子が 1 周するごとに発光で失ったエネルギー

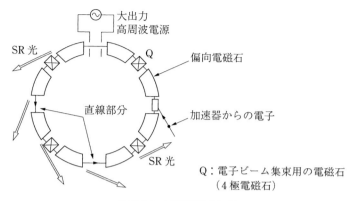

図 9.13　電子蓄積リング

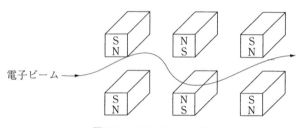

図 9.14　アンジュレータ

を高周波電界で補給してやる．こうすると，リング内には一定エネルギーの電子ビームが蓄えられるので，SR 光を利用するのに都合がよい．

　SR リングの直線部分には，図 9.14 のように，多数の磁石を周期的に配列した**アンジュレータ**（undulator）とよばれる装置が設置されることが多い．アンジュレータの周期的磁界中では，電子は緩やかな蛇行運動を行う．このとき，軌道が曲げられるたびに SR 光が放射される．この結果，アンジュレータの前方に干渉で強められた輝度のきわめて高い光が放射される．

　平成 8 年，兵庫県播磨科学公園都市に建設された大型 SR 光施設「SPring-8」では，電子をリニアック（全長 140 m）で 1 GeV に加速してからシンクロトロン（1 周 396 m）で 8 GeV まで加速する．これを 1 周 1436 m，88 角形の SR リングに蓄える．リングには SR 光を取り出すビームラインが 60 本以上もあり，多くのチームが同時に実験できるようになっている．

c. 重イオン治療

高速の炭素などのイオンはがんの治療に用いられている．これらのイオンは，ある速度のときに最大の破壊効果を示す．したがって，イオンががん細胞に達したときその速度になるように調整しておくと，体内深部のがん細胞を効率よく破壊できる．千葉市にある放射線医学総合研究所に医療専用のシンクロトロン（800 MeV，1周130 m）が設置され，治療効果が調べられている．

d. その他の応用

原子炉でできる放射性廃棄物に高速陽子ビームを当て，放射能の持続期間を短くする研究が始められている．

9.3 部分放電の応用

ここでは，高電界と，それに伴うコロナ放電，バリヤ放電（無声放電）などの応用について述べる．今まで述べた分野では部分放電は邪魔者であったが，これらをうまく利用すると，さまざまなことができる．なお，高電界とコロナ放電の応用は，静電気応用とよばれている．

9.3.1 コロナ放電による帯電現象の応用

コロナ放電から放出される多量の荷電粒子を物体の帯電に利用したり，逆に帯電の抑制に利用したりしている．ここでは物体の帯電に利用する例について述べ，次の9.3.2項で帯電の抑制の例を紹介する．

a. 電気集塵

電気的な方法でガス中に浮遊する微小な塵を除去することを**電気集塵**という．その原理を図9.15で説明する．接地した平行平板電極（集塵電極）間に細い放電電極をつるし，これに負の高電圧（直流またはパルス電圧）を加えてコロナ放電を行い，電子を周囲に放出させる．そこへ塵を含んだガスを送り込むと，塵は負に帯電する．その結果，塵は集塵電極に吸引され，ガス流から取り除かれる．必要に応じ，集塵用フィルタを併用する．電気集塵は，工場の排煙の処理や家庭用の空気清浄器などに広く用いられている．

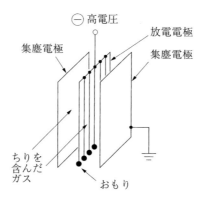

図 9.15　電気集塵の原理

b.　静電塗装

電気集塵の原理を利用すると，塗装を効率よく行うことができる．例えば，塗料を微粒子にして負に帯電させ，接地した金属性の被塗装体に吹き付けると，粒子は電気力線に沿って移動し，被塗装体の表面に強固に付着する．静電塗装は，(1) 塗料のむだが少ない，(2) むらのない強固な塗装ができる，(3) 連続操業が可能で，コンベアによる大量生産に適している，などの優れた特長をもっており，自動車，家電製品などの塗装に広く用いられている．

c.　静電写真

静電写真は，静電的な方法で画像を記録するもので，さまざまな方法が開発されている．その一例を図 9.16 で説明する．まず，図 (a) のように，セレンを蒸着した金属板を暗所でコロナにさらし，その表面に正電荷を一様に付着させる．次いで，図 (b) のように露光すると，光の当たった部分のセレン膜は導電性を帯び，正電荷が失われる．これに，図 (c) のように負に帯電させた微粉末（トナー）を近づけると，正電荷が残っている部分にだけトナーが付着する．この面に用紙を重ね，用紙に正の電荷を与えると，図 (d) のようにトナーは電荷にひかれて用紙へ移る．これを加熱してトナーを定着させると，複写が仕上がる．静電写真技術は，複写機（電子コピー，通称ゼロックス）やレーザプリンタなどに用いられている．

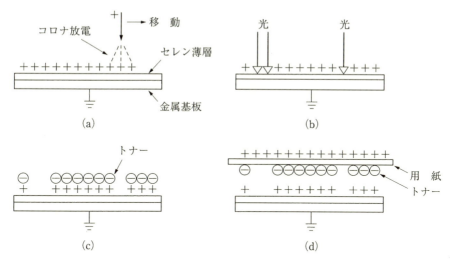

図 9.16 静電写真の原理

d. その他の応用

(1) **静電植毛**：細長い繊維が電界方向に配列することを利用して，ビロード，人工芝などの製造を行う．例えば，人工芝の場合には，平行平板電極の下側の電極面上にナイロンの毛を置き，それと向き合う上側の電極面に接着剤をつけたベースを取り付ける．電極間に数万ボルトの直流電圧を加えると，毛は直立して飛び上がり，接着剤につきささるように付着する，(2) 高分子材料の表面処理：例えば，樹脂フィルムの面上でコロナ放電を行うと印刷性や接着性が向上する，(3) **静電選別**：導電率のよい粒子は早く電荷を失うことを利用して粒子の選別を行う，(4) ファンデグラフ発電機：コロナ放電によるベルトの帯電を利用して直流高電圧を発生する，(5) オゾンの発生，など．

9.3.2 静電気障害とその防止

a. 静電気の発生

コロナ放電以外の原因でも物体は帯電する．例えば，2個の固体をこすりあわせてから引き離すと，一方は正，他方は負に帯電する．これを**摩擦帯電**という．図 9.17 はその一例で，絶縁物のフィルムを巻き取るとき，ローラとフィル

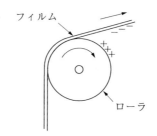

図 9.17　摩擦帯電の例

ムに電荷が生じる．流体と固体が接触する場合にも同様の帯電現象が起こる．これを**流動帯電**という．接触分離の繰返しなどで物体の電荷量が増大し高電界が発生すると，次項bのような障害が生ずる．

b. 静電気障害

　(1) クーロン力による障害例：カメラや集積回路の製造工程における微小なほこりの付着，紡績工場における糸のもつれや織物のからみつき，(2) 放電による障害例：可燃性ガスやプラスチック粉体などの移動速度を大きくした場合の爆発，船倉の洗浄用水流ジェットによるタンカーの爆発，変圧器などにおいて絶縁油，絶縁気体の循環速度を大にした場合の流動帯電による絶縁破壊[23]，航空機における通信障害（後述），集積回路における微細構造の放電による破損，放電の際の電磁雑音によるコンピュータの誤動作，写真用フィルムの製造工程におけるローラとフィルム間などの放電による露光，人体の電気的ショック，など．

c. 静電気障害対策

　静電気障害を防止するには，電荷の発生と蓄積を抑制すればよい．その具体例を次に示す．(1) 物体の移動速度を抑制する，(2) 物体を移動させた場合には，静置時間を設け電荷を減少させる，(3) 湿度を高めたり帯電防止剤を用いたりして帯電体に導電性をもたせ，電荷の漏れを促進させる．(4) 導体間の放電電流は絶縁物間のそれより大きく，可燃性ガスの爆発を招きやすいので，導体は確実に接地する，(5) 帯電体に逆極性の電荷を与えて全電荷を中和する．これを**除電**という．除電には針電極によるコロナ放電などを利用する．

〔航空機における通信障害〕

　大気中で激しい上昇気流があると，水滴や氷片が衝突して帯電し，雷放電が起こる．これと同様に，上空を高速で飛行する航空機は氷片などと衝突して帯電する．その結果，機体の尖った部分で強い放電が起こり，電磁波を放射する．これにより，航空機は，通信系統，運行信号に重大な障害を受ける．このため，図 9.18 のように翼の後部などに長さが約 15 cm の細い棒電極（discharger という）を多数取り付け，低電位のうちに弱いコロナ放電を起こさせて，電荷を気中に放出する．

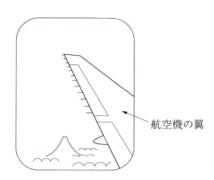

図 9.18　ディスチャージャ（放電端子）

9.3.3　バリヤ放電（無声放電）の応用

　(1) 無声放電の電極間に空気または酸素を流すと，オゾン（O_3）が得られる．オゾンは，酸化力が強く，優れた殺菌力，分解浄化力，脱臭力，脱色力をもっているので，ヨーロッパでは古くから上水道の水の浄化などに用いられている．わが国や米国では主として塩素処理が行われていたが，発がん性の恐れのあるトリハロメタンが水道水に生ずることが判明したので，オゾン処理の導入が進められている．それに伴い，オゾンの発生効率の向上が重要な課題になっている．(2) バリヤ放電は，後で述べるプラズマディスプレイ，レーザ，紫外線の発生，などに用いられている．(3) 大気圧中のバリヤ放電または短パルス高電圧によるコロナ放電は，排ガス中の窒素酸化物などの解離に効果があり，実用化への研究が進められている．

9.3.4 その他の応用

GM 計数管（Geiger–Müller 計数管）：これは放射線測定用の放電管で，円筒電極の中心軸上に線電極があり，アルゴンなどが封入されている．線電極を陽極とし，電極間に放電開始電圧より少し低い電圧を加えておく．電極間に放射線が入射すると，それによって生じた電子がトリガとなって電子なだれが発生し，電極間にパルス電流が流れる．したがってパルス電流の回数を測定すると，放射線の入射回数がわかる．

9.4 フラッシオーバの応用

電極間全路にわたっての放電には次のような応用がある．(1) 球ギャップなどによる電圧の測定：これは，フラッシオーバの発生が明確にわかることを利用している．(2) 火花点火：微小な放電による燃料ガスの点火を**火花点火**という．ガス湯沸器，ガス調理器などの点火には，波高値十数 kV，エネルギー 1 mJ 程度の放電が用いられている．また，自動車などのエンジンの点火には，コイル電流の断続で発生された波高値 10 〜 100 kV のパルス電圧が用いられている．(3) 装置の保護：アークホーンなどのように，電流をバイパスさせて異常電圧から装置を保護する．(4) パルスパワーの発生：全路放電によりスイッチの電極間のインピーダンスが瞬間的に低下することを利用する．(5) プラズマの生成：電極間の広い空間にプラズマをつくることができる．次節以降ではプラズマの応用について述べる．

9.5 プラズマの熱の利用

9.5.1 熱プラズマの特長

熱源に用いられるのは，主として熱プラズマである．これは，次のような特長をもっている．(1) ガス炎よりもはるかに高温である．例えば，ガス炎では 3 千度程度であるのに対し，高気圧アークでは 8 千度程度が得られ，さらに，ピンチ現象を利用したプラズマトーチ（後述）を用いると 3 万度程度が得られる，

(2) ガス炎の発生は可燃性気体に限定されるが，放電の場合には，任意の気体を電極とともに加熱できる．また，真空中，液体中でも放電できる．
(3) 励起状態や電離状態の粒子が多数存在するので，化学反応が促進される．
(4) 放電電流の制御などが正確かつ迅速にできる，など．

プラズマトーチ（plasma torch）の構造を図9.19に示す．図 (a) では，棒状電極とノズル内面の陽極との間でアーク放電を行い，高圧のガス（アルゴンなど）でアークの周囲を冷やすと，アークは細く絞られて電流も集中して流れる．その結果，アークの温度は飛躍的に上昇し，これによって生じた高温プラズマがノズルから噴出する．これを**プラズマジェット**（plasma jet）という．

加工しようとする物質が導体の場合には，同図 (b) のように，放電電流が直接導体に流れるようにする．これを**プラズマアーク**という．パイロット電源は，陰極と導体間で放電を起こさせるために用いられる．あらかじめパイロット電源でプラズマジェットをつくっておくと，トーチと導体間の気体が電離され，放電しやすくなる．不純物の少ない高温プラズマが必要な場合には，放電管にコイルを巻き付けた電磁誘導方式の高周波トーチが用いられる．

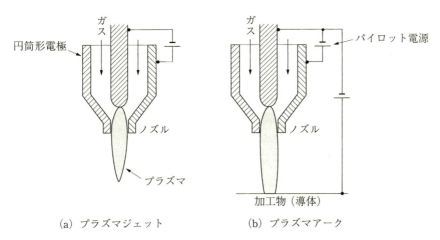

(a) プラズマジェット　　　(b) プラズマアーク

図 9.19　プラズマトーチ

9.5.2 熱プラズマの応用

以上の特長により,熱プラズマの用途は多く,新しい応用も広がりつつある.そのいくつかを次に述べる.なお,高気圧中のアーク放電は光源としても用いられるが,ここではそれを除外する.

a. フラーレン,超微粒子の生成

1990年,ヘリウム中におけるグラファイト電極間の100Aのアーク放電で生じた煤(すす)の中から,新しい結晶構造の炭素分子 C_{60}(分子量720)が発見された.その後も,アーク放電などによって C_{60} の仲間がいくつも見つけられ,現在,それらはフラーレンとよばれている.フラーレンは,ダイヤモンド,グラファイトに次ぐ第3の炭素同素体であるが,これの生成には,プラズマの特長 (1), (2), (3) が寄与している.

また,水素を含むガス中でアーク放電を行って蒸発物質を捕集すると,直径 $5\sim30$ nm 程度の電極金属の**超微粒子**が得られる.超微粒子とは,直径が $0.1\,\mu m$ 程度以下の粒子のことである.一般に $0.1\,\mu m$ 程度以下になると,粒子はまったく異なる性質を示すようになる.現在,フラーレンや超微粒子の特性の解明と応用に関する研究が盛んに進められている.

b. 熱源温度の上昇

熱プラズマの特長 (1) により,より高い温度での冶金,加工が可能となっている.

c. ガスシールドアーク溶接 (gas shielded arc welding)

図9.20のようにワイヤを連続的に送給し,アークに沿ってアルゴンなどを流しながら溶接すると,酸化のない高品質の接着を効率よく行うことができる.特長 (1), (2), (4) の応用といえる.

d. プラズマ溶射

プラズマジェット中にセラミックスなどの微細な粉末を注入して物体に吹き付けると,物体表面に緻密な皮膜をつくることができる.この技術を**プラズマ溶射**という.これにより,高度の耐熱性,耐摩耗性,耐腐食性をもたせることができるので,ロケット,航空機,自動車,発電用ガスタービンなどの製造に用いられている.

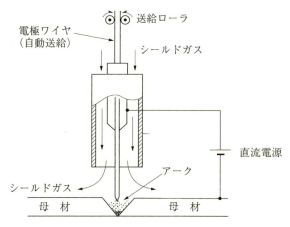

図 9.20　ガスシールドアーク溶接の原理

e.　プラズマ焼結

金属や非金属の微細な粉末を混合し，圧縮成形した後プラズマジェットで焼き固める（焼結）と，超硬合金など，他の方法では得られない優れた材料をつくることができる．

f.　衝撃波の発生

液体中でパルス放電を行うと，アークの熱で液体は爆発的に気化・膨張し，衝撃波が発生する．これは，いろいろな分野で用いられている．例えば，衝撃波を利用すると，腎臓の奥などにできた結石を手術せずに細かく砕くことができる．次に述べる放電加工も応用例の1つである．

g.　放電加工

水や灯油などの液体中において，電極を接近させて短パルスのアーク放電を行うと，陰極からの電子が電界で加速されて陽極に衝突し，溶解，蒸発させる．そこへ液体の気化・膨張による力が加わって陽極物質を吹き飛ばすので，陽極が著しく消耗する．この現象を利用すると，柔らかい導体で硬い導体を加工できる．例えば，超硬合金のように硬い導体板に，張力を加えた細い金属線（ワイヤ）を接近させて放電を連続して行うと，糸鋸で木板を切るように，くりぬき加工などができる．これを**ワイヤ放電加工**という．ワイヤを自動送りにすると，ワイヤの消耗に関係なく精密加工ができる．

また，切削が容易な導体で所定の形をつくっておき，硬い導体に接近させて液体中パルス放電を行うと，所定の形の転写ができる．これを**型彫放電加工**という．放電加工は加工精度がよいので，金型の製作などに用いられている．

h. 有害物質の分解・処理

高温プラズマは，化学的に安定で分解が困難な有害物質の処理にも有効である．例えば，オゾン層破壊のおそれがある**フロンガス**は，電磁誘導方式の高周波トーチで発生された水蒸気プラズマ（温度は約1万度）中に吹き込むことにより，99.999%以上分解されることがわが国で実証され，実用化への研究が進められている．

9.6 プラズマの光の利用

9.6.1 照明用光源

現在用いられている照明用光源のほとんどがプラズマの発光を利用している．例えば，**蛍光ランプ**（fluorescent lamp）は，水銀蒸気中におけるプラズマが発生する強い紫外線を放電管の内面に塗布した蛍光物質に当てて可視光に変換している．点灯しているときの水銀蒸気の圧力は，6 mTorr（0.8Pa）程度である．放電管には水銀のほかに，放電開始を容易にするなどの目的で約3Torrのアルゴンが封入されている．

道路や公園などの照明には，**高圧水銀ランプ**，**メタルハライドランプ**（metal halide lamp），**高圧ナトリウムランプ**が用いられている．図9.21に，高圧水銀ランプの構造を示す．発光管の中には，アルゴンと微量の水銀が封入されている．電圧を加えると，まず主電極と始動電極との間でアルゴンの放電が起こり，この熱で水銀が蒸発して水銀アーク放電を生じる．放電開始後しばらくすると，水銀蒸気の圧力は数気圧となり，青白色に強く輝く．蒸気温度を高くすると発光効率がよくなるので，図のように管を2重にし，その間に窒素ガスを封入する．発光管に金属ハロゲン化合物を添加したものがメタルハライドランプである．添加により，発光の効率と色が改善される．高圧ナトリウムランプには，水銀の代りにナトリウムが用いられている．照明用ランプの中では効率が最も高く，省エネルギーランプとして普及しつつある．発光は黄橙色を帯び

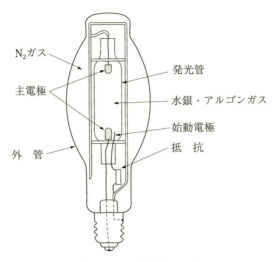

図 9.21 高圧水銀ランプ

ている．プラズマはネオンサインなどにも用いられている．

9.6.2 レーザ

光の**誘導放出**（stimulated emission）とよばれる現象（後述）を利用した光の発振器または増幅器を，**レーザ**（laser）という．レーザと，これから放射されるレーザ光は，次のような際立った性質をもっている．(1) 単一波長である．(2) 位相が揃っている．(3) 指向性が高い．すなわちビームの広がりがきわめて小さく，平行ビームとみなせる．(4) エネルギー密度が大きい．(5) 巨大な瞬時パワーを発生できる．(6) 時間幅がきわめて小さい（数 10^{-15}s）パルスを一定の周期で発生できる．

以上の特徴のため，レーザは通信，計測，光電子機器（ホログラフィー，光ディスク，プリンタなど），加工，医用，科学研究（核融合の研究など）など，さまざまな分野で用いられている．

a. 光の誘導放出

エネルギー準位 E_1, E_2 ($E_2 > E_1$) を有する原子に振動数 $\nu = (E_2 - E_1)/h$ の光が入射すると（h はプランクの定数），それに誘われて準位 E_2 の電子は準位 E_1 に落ちる．そのとき，入射光と同位相の光を放出する（図 9.22）．この

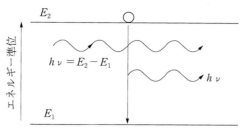

図 9.22 誘導放出

現象を誘導放出という．一方，準位 E_1 の電子は，入射光のエネルギー $h\nu$ を吸収し，誘導放出と同じ確率で準位 E_2 に移る．したがって，電子が準位 E_2 にある原子の数密度 n_2 を，準位 E_1 にある原子の数密度 n_1 より多くしておくと，同位相の光の増幅ができる．レーザはこれを利用している．以上では原子について述べたが，分子やイオンなどにもさまざまなエネルギー準位があり，誘導放出や光の増幅が行われる．

b. ポンピング

$n_2 > n_1$ の分布を反転分布といい，この分布をつくることを**ポンピング**（pumping）という．長い間ポンピングは不可能と考えられていたが，T.H. Maiman が，キセノン（Xe）ガスのパルス放電プラズマによる光を棒状のルビーに照射する方法でレーザ発振に成功した（1960年）．その後，さまざまなポンピング法が考案されている．なお，E_2 の値が E_1 に対してきわめて大きく，かつ準位 E_2 の寿命が短い場合に反転分布をつくるには，短時間内に強力な励起エネルギーを媒質中に注入しなければならない．したがってパルスパワーが必要となる．この場合には，波長の短い（振動数が大きい）レーザ光が瞬間的に放射される．

c. レーザの例

プラズマ中では励起が盛んに行われるので，これを利用して，**He–Ne レーザ**，炭酸ガス（CO_2）レーザ，エキシマレーザ（excimer laser）などが開発されている．例えば，He–Ne レーザでは，準安定原子 He* が有するエネルギーと Ne の E_2 とはほぼ等しく，He* と Ne が衝突すると He* のエネルギーはすべて Ne に与えられ，Ne は E_2 に励起される現象を利用している．すなわち，

Heの多い混合ガスでプラズマをつくると，多量のHe*が生成され，その働きによってNeは$n_2 > n_1$となる．このレーザは，各種の計測や位置決めなどに広く用いられている．**炭酸ガスレーザ**は，赤外線領域の高効率，高出力レーザで，切断，穴あけ，溶接などの熱加工に主として用いられている．**エキシマレーザ**は，紫外線領域の高出力パルスレーザで，励起には高電圧パルス放電が用いられる．このレーザは，光化学反応による薄膜の形成や微細加工，慣性閉じ込め核融合の研究（後述）などに用いられている．

9.6.3 プラズマディスプレイ

気体放電を利用した画像表示装置を**プラズマディスプレイ**（plasma display）という．画像を表示するパネルは次のようにつくられている．(1) 2枚のガラス板上に多数の線状の電極を平行に設ける，(2) このガラス板を，電極のある面を内側にし，かつ電極が直交するように重ねる（図9.23 (a)）．そのとき，ガラス板を少し離して放電空間をつくり，発光用のガス（例えば少量のXeを加えたNeガス）を封入する．

このパネルでは，直交する特定の電極に電圧を加えて交点の部分の気体を放電させ，その発光により画像を表示する．このパネルを**プラズマディスプレイパネル**（plasma display panel：PDP）といい，交点の部分を**放電セル**という．PDPは直流（DC）型と交流（AC）型とに大別される．DC型では電極は放電空間に露出しているが，AC型では少なくとも一方の表面を誘電体で被覆し（図 (9.23 (b))，バリヤ放電により強い光を発生させる．現在，発光効率が高

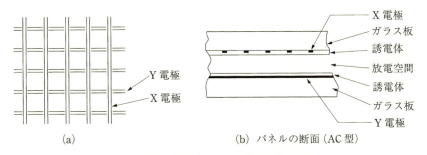

図9.23 プラズマディスプレイパネル

く長寿命の大型壁掛けテレビの実現を目指して研究が強力に進められており，その発展が期待されている．

9.6.4　その他の光源

a.　高輝度光源

キセノンを数十 Torr～数気圧封入した放電ランプは，高輝度，自然昼色の光源として広く用いられている．

b.　紫外線源

紫外線用の水銀ランプ，エキシマレーザ，1～数気圧のキセノンのバリヤ放電，などが用いられている．

c.　分光用光源

マイクロ波放電などで数千～1万度程度の熱プラズマを作り，その中に微量の試料を送り込むと，試料は蒸発，プラズマ化して発光する．それを分光分析すると，試料の中に含まれる元素の種類や量を知ることができる．

9.7　低温プラズマによる固体表面の加工

低温プラズマ（cold plasma）では，イオンや中性気体の温度は低いが，電子温度は数万度もあり，電離や励起が盛んに行われる．このため，化学反応が生じやすい．この特性を利用すると，固体表面に薄膜を形成したり，その一部を取り除いたり，あるいは表面の性質を変えたりすることができる．これらに関する技術は，半導体集積回路などの製造にとってきわめて重要である．そのいくつかを次に述べる．なお，プラズマによる加工技術を英語では plasma processing という．

9.7.1　薄膜の形成

目的に応じ，次の方法が用いられている．プラズマ CVD（plasma chemical vapor deposition）法，スパッタリング法，イオンプレーティング（ion plating）法．

a. プラズマ CVD 法

この方法では，適当な気体のプラズマ中に固体を置くと，その表面に化学反応で生じた物質が堆（たい）積する現象を利用している．例えば，モノシラン（SiH_4）ガスの高周波放電プラズマ中にシリコンの基板を置くと（図 9.24），その表面にアモルファスシリコン（amorphous silicon: a–Si）の薄膜が得られる．これは，太陽電池などに用いられている．また SiH_4 とアンモニア（NH_3）のプラズマから窒化シリコン（Si_3N_4）の薄膜が得られる．これは半導体デバイスの絶縁膜や保護膜として用いられている．

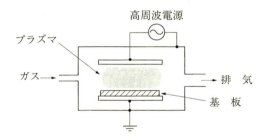

図 9.24　プラズマ CVD 法

b. スパッタリング法

この例を図 9.25 に示す．プラズマ中の Ar イオンは，陰極降下で加速されてターゲットに衝突し，ターゲットの原子や分子をはじき出す．これを基板上に堆積して，薄膜をつくる．大量生産には，膜の堆積速度が大きいマグネトロン

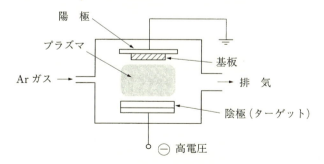

図 9.25　スパッタリング法

放電が用いられる．スパッタリング法は，磁気ディスク，液晶表示パネルなどの製造に広く用いられている．

c. イオンプレーティング法

この方法では，図 9.26 のようにヒータで薄膜用物質を加熱蒸発させ，プラズマ中を通過させて，正イオンをつくる．これを電界で加速して，基板に付着させる．電界で加速するので，付着強度の大きい薄膜が得られる．ヒータの代りに，電子ビーム加熱，電磁誘導加熱も用いられる．イオンプレーティング法は，レンズ，ミラーのコーティング，強靱で黄金色の**窒化チタン**（TiN）膜の生成などに応用されている．

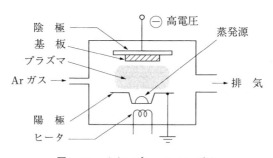

図 9.26　イオンプレーティング法

9.7.2 プラズマエッチング

プラズマにより表面物質をガス化して除去することを，**プラズマエッチング** (plasma etching) という．これには，フッ素，塩素，酸素などを含む気体のプラズマが用いられる．この方法の一例を図 9.27 に示す．図のように，コンデンサを介して基板側に高周波電源を接続すると，移動度の大きい電子の付着により，基板の電位はプラズマに対して負となる．このため，正イオンは基板付近の電界で加速され，基板表面に垂直に入射し，エッチングも垂直に行われる．このとき，エッチングは，化学反応と物理的なスパッタリングによって進行する．

9.7 低温プラズマによる固体表面の加工

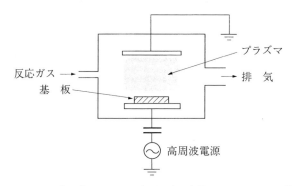

図 9.27　プラズマエッチングの例（反応性イオンエッチング）

9.7.3　集積回路の微細加工

集積回路の製造では，写真技術を利用して微細加工が行われる．その例を図 9.28 で説明する．図には，シリコン基板の表面に形成された SiO_2 膜の一部を取り除く場合が示してある．SiO_2 膜は，絶縁や保護のために用いられる．まず，同図（a）のように，SiO_2 膜の表面にレジストとよばれる感光性樹脂を

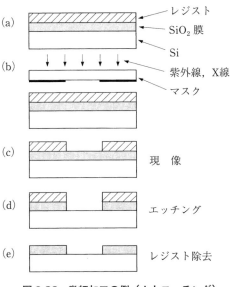

図 9.28　微細加工の例（ホトエッチング）

塗布する．同図 (b) では，マスクを通してレジストに紫外線または X 線をあてる．短波長の光を用いるのは，回折による露光のぼけを小さくするためである．マスクには，電子ビームで回路の形が描かれていて，その部分だけ光を通すようになっている．図には示していないが，マスクとレジストとの間にレンズを設け，マスクの像を 1/5 または 1/10 に縮小してレジスト上に投影する方法も多く用いられている．同図 (c) では，感光した部分のレジストを現像液で溶かして取り除く．以上の手法は写真製版技術を適用しもので，**リソグラフィ** (lithography) とよばれる．同図 (d) では，レジストのない部分の SiO_2 膜を CF_4 ガスなどのプラズマでエッチングする．同図 (e) では，不要となったレジストを酸素プラズマで取り除く．集積回路の製造には，薄膜の形成と上記のようなエッチングが何回も繰り返される．レジストを電子ビームで直接露光する方法もあるが，一般に時間がかかるので，大量生産の場合にはマスクによる方法が用いられている．

9.7.4 表面改質

例えば，窒素–水素混合ガスの直流グロー放電の陰極面に鋼を置くと，その内部に窒素の原子が拡散し，鋼の表面の硬度が増す．また，ポリエチレンやテフロンなどの高分子材料をプラズマに接触させることにより，接着性，塗装性，耐薬品性などを向上できる．このような表面の性質の改善を表面改質という．

9.8 各種プラズマ応用

9.8.1 イオン源

イオンビームは多くの分野で必要とされている．それをつくるのがイオン源である．図 9.29 に，プラズマを用いるイオン源の原理を示す．気体放電や気体の電子ビーム照射などの方法でプラズマをつくり，静電界でイオンを引き出す．イオンビームの通路は高真空にする必要があるので，真空ポンプで排気しなければならない．ガスの節約や排気の容易さからすると，低い気圧でのプラズマ生成が望ましい．低圧の気体中で濃いプラズマをつくるには，磁界を用いて電子を放電管内に留まらせ，何回も気体分子と衝突させればよい．このため，

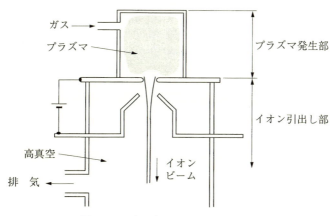

図 9.29　プラズマを用いるイオン源

ECR放電，マグネトロン放電，磁気ミラーなどが用いられる．使用目的に応じ，さまざまなイオン源が開発されている．

9.8.2　ロケットの推進

軌道にのっている人工衛星の姿勢や軌道の制御は，時間をかけて行うことができる．このため，制御用ロケットエンジンの推力は大きくなくてもさしつかえない．その代り，燃料消費の少ないことが強く求められる．それは，人工衛星を地上から衛星軌道まで持ち上げるのに多量の燃料を必要とするからである．ところで，推力はエンジンが単位時間に噴出する物質の質量と噴出速度の積で与えられる．したがって，噴出速度を大きくすれば，燃料を少なくできる．これに適しているのが電気推進である．この方法では，噴出速度を大きくするのが容易であり，しかも，それに要する電気エネルギーは太陽光から得ることができる．電気推進エンジンは，イオンエンジンとプラズマエンジンとに分けられる．

a.　イオンエンジン

イオンエンジンは，燃料ガスでプラズマをつくり，イオンを引き出して電界で加速し，ロケットの外部に放出して推力を得る．正イオンだけを噴射すると，ロケットは負に帯電し，静電力によりイオンが引き戻されて加速ができなくな

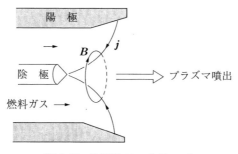

図 9.30　MPD アークジェット

る．このため，イオンの出口で電子を供給して電気的に中和する．

b. プラズマエンジン

このエンジンの一例を図 9.30 に示す．燃料ガスを同軸円筒電極間の放電でプラズマ化し，プラズマ電流 j と，j がつくる磁界 B とによるローレンツ力 $j \times B$ でプラズマを加速・放出して推力を得る．これを **MPD アークジェット** (magneto plasma dynamic arcjet) という．

9.8.3　MHD 発電の研究

火力発電の効率を向上させるため，**MHD 発電** (magnetohydrodynamic power generation) の研究が進められている．図 9.31 に，MHD 発電方式の 1 つを示す．適当な形のダクト内に一対の電極を対向させ，電極面に平行に直流磁界 B を加えておく．このダクトに導電率の高いプラズマを速度 v で通過させると，電極間に vB に比例した電圧が誘起する．したがって，これに負荷を接続すれば，電力が取り出せる．タービンを介さずに発電できるなどのため，効率の向上が期待されている．

9.8.4　制御熱核融合反応の研究

a. 制御熱核融合反応

2 つの軽い原子核が衝突して融合し，より重い原子核ができる反応を，核融合反応という．この反応の際に，エネルギーが放出される．太陽の膨大なエネルギー源は，その内部で生じている核融合反応であると考えられている．現在，小型の太陽を安全に制御した状態で地球上に作り，エネルギーを取り出して利

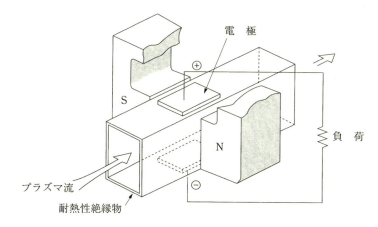

図9.31　MHD発電の原理

用しようという研究が進められている．これを，**制御熱核融合反応**（controlled thermonuclear fusion reaction）の研究という．これに成功すると，人類は無限ともいうべ期間にわたり，海水中に含まれる重水素をエネルギー源として利用できる．核融合炉の長所は，(1) 燃料が豊富にある，(2) 核融合反応には有害な放射性物質を生成しないものがある，(3) 二酸化炭素などを放出しないので，地球の温暖化に悪影響を及ぼさない，などである．一方，短所は，炉の開発が技術的にきわめて難しいことである．しかし，近い将来必ず訪れるエネルギー資源の欠乏に備え，研究を進めておかなければならない．世界各国では，研究の第1段階として，核融合反応が最も起こりやすい次の**D–T 反応**を当面の研究対象に選んでいる．

$$D + T \rightarrow He(3.52) + n(14.06) \tag{9.2}$$

ここで，D は重水素の原子核で，1個の陽子と1個の中性子とからできている（図9.32）．T は三重水素（トリチウムともよぶ）の原子核で，1個の陽子と2個の中性子とからできている．He はヘリウムの原子核（アルファ粒子ともよぶ）で，n は中性子である．右辺の括弧内の数字は，それぞれの粒子がもつ運動エネルギーを MeV の単位で示したものである．

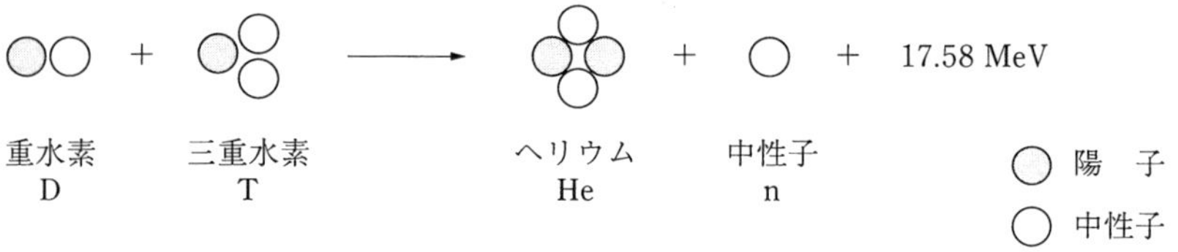

図 9.32　D–T 反応

b.　炉心プラズマの条件

　原子核は正の電荷をもっているので，原子核同士が接近すると大きな反発力を及ぼし合う．したがって，それに打ち勝って原子核を十分に接近させ，核融合反応を起こさせるには，原子核に大きな運動エネルギーを与えなければならない．D–T 反応では，D, T に含まれる陽子は共に 1 個であり，反発力は最も小さいが，加速器などで調べた結果によると，核融合反応を起こさせるには，重水素と三重水素を混合した燃料を 1 億度以上に加熱する必要がある．このように高い温度では，燃料の原子はすべて電離してプラズマになる．

　核融合炉を実現するには，1 億度以上のプラズマを生成するばかりでなく，それを所定の空間内に閉じ込め，多数の原子核が核融合反応を起こし，プラズマの生成などに用いたよりも大きなエネルギーを発生するようにしなければならない．原子核が核融合反応を起こす確率は，プラズマの閉込め時間 τ [s] と，原子核の数密度 n_0 [m^{-3}] が大きいほど高い．したがって，炉の出力を入力よりも大きくするためには，$n_0\tau$ をある値以上にしなければならない．計算によると，D, T が半々（それぞれの数密度が $n_0/2$）の 1 億度のプラズマでは

$$n_0\tau > 10^{20} \text{s/m}^3 \tag{9.3}$$

にすると，出力が入力を上回り，正味のエネルギー発生が正になる．

　なお，加速器では，多数の原子核を加速して標的に打ち込み，ごくまれに発生する反応を観測している．この方法は，核融合反応の性質を調べるにはよいが，エネルギーの面からすると消費である．

c.　高温プラズマの閉込め方式

　核融合炉を実現するには，1 億度以上の高温プラズマが炉壁に直接触れないように保持しなければならない．太陽などの天体では，自分自身の巨大な重力でプラズマの膨張を抑えている．換言すれば，重力でプラズマを閉じ込めるに

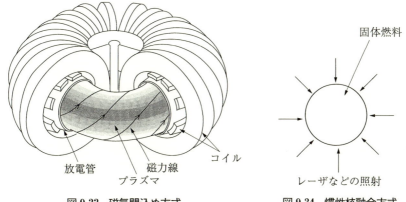

図 9.33　磁気閉込め方式　　　　　図 9.34　慣性核融合方式

は，プラズマの寸法を天体のように大きくしなければならない．したがって，地上では重力は利用できない．このため，磁気閉込め方式と慣性核融合方式により研究が進められている．

磁気閉込め方式では，図 9.33 のように高温プラズマの周囲に強い磁界をつくり，それによる圧力（磁気圧）でプラズマを長時間閉じ込める．高温プラズマや強磁界の発生には，パルス大電流が用いられる．一方，**慣性核融合方式**では，図 9.34 のように，直径が 1mm 程度以下の球状の固体燃料に，大きなエネルギーを各方向から一様にかつ瞬間的に注入して，超高密度の高温プラズマをつくり，それが飛び散る前に中心部で核融合反応を起こさせる．エネルギーの注入には，パルス状の強力なレーザビームまたは荷電粒子ビームが用いられる．この方式では，閉込め用の磁界は不要であるが，高速繰返し発振ができる大出力，高効率のレーザが要る．磁気閉込め方式が n_0 小 τ 大であるのに対し，慣性核融合方式は n_0 大 τ 小である．

現在，実用炉の設計に必要な基礎資料を得るため，大型装置の建設計画が国際協力のもとで進められている．

POINT

1. 大電力の長距離送電には、きわめて高い電圧を用いなければならない。この必要性から、さまざまな高電圧技術が開発されている。
2. 荷電粒子ビーム応用は広い分野に及んでいるが、その基礎となっているのは高電圧技術である。
3. 部分放電、フラッシオーバおよびプラズマには、きわめて多くの応用がある。

演習問題

9.1 送電線路の鉄塔に落雷があり、万一逆フラッシオーバが生じたとき、その被害を最小限におさえるためにどのような方法が用いられているかを説明せよ。

9.2 静電写真の原理を説明せよ。ただし、図9.16は与えられているとする。

9.3 荷電粒子ビーム応用、プラズマ応用の各分野における応用例を2つずつあげて、簡単に説明せよ。

9.4 磁気閉込め方式の核融合装置において、プラズマの数密度 n_0 を大きくしない理由を述べよ。

付　録

付録 1. 物理定数

光の速さ	$c = 2.9979 \times 10^8$ m/s	真空の誘電率	$\varepsilon_0 = 8.8542 \times 10^{-12}$ F/m
電子の電荷	$e = 1.6022 \times 10^{-19}$ C	真空の透磁率	$\mu_0 = 4\pi \times 10^{-7}$ H/m
電子の質量	$m_e = 9.1094 \times 10^{-31}$ kg	プランク定数	$h = 6.6262 \times 10^{-34}$ J·s
陽子の質量	$m_p = 1.6726 \times 10^{-27}$ kg	ボルツマン定数	$k = 1.3806 \times 10^{-23}$ J/K

付録 2. 10 の整数倍を表す接頭語

倍数	接頭語		記号	倍数	接頭語		記号
10^{18}	exa	エクサ	E	10^{-1}	deci	デシ	d
10^{15}	peta	ペタ	P	10^{-2}	centi	センチ	c
10^{12}	tera	テラ	T	10^{-3}	mili	ミリ	m
10^{9}	giga	ギガ	G	10^{-6}	micro	マイクロ	μ
10^{6}	mega	メガ	M	10^{-9}	nano	ナノ	n
10^{3}	kilo	キロ	k	10^{-12}	pico	ピコ	p
10^{2}	hect	ヘクト	h	10^{-15}	femto	フェムト	f
10	deca	デカ	da	10^{-18}	atto	アト	a

付録 3. ギリシャ文字

A	α	アルファ	H	η	イータ	N	ν	ニュー	T	τ	タウ
B	β	ベータ	Θ	θ	シータ	Ξ	ξ	クサイ	Υ	υ	ユプシロン
Γ	γ	ガンマ	I	ι	イオタ	O	o	オミクロン	Φ	ϕ	ファイ
Δ	δ	デルタ	K	κ	カッパ	Π	π	パイ	X	χ	カイ
E	ε	エプシロン	Λ	λ	ラムダ	P	ρ	ロー	Ψ	ψ	プサイ
Z	ζ	ジータ	M	μ	ミュー	Σ	σ	シグマ	Ω	ω	オメガ

文　献

1) 林　泉：プラズマ工学（朝倉書店，1987）．
2) J.S. Townsend：Phil.Mag., Vol.1, No.6 (1901) p.198.
3) 電気学会：放電ハンドブック，改訂新版（1975）．
4) J.S. Townsend：Electricity in Gases (Oxford Univ. Press, 1915).
5) H. Raether：Electron Avalanches and Breakdown in Gases (Butterworth, 1964).
6) F.G. Dunnington：Phys.Rev., Vol.38 (1931) p.1535.
7) 電気学会：電気工学ハンドブック（1988）．
8) 河野照哉：高電圧工学（朝倉書店，1976）．
9) 電気学会：高電圧大電流工学（1988）．
10) J.P. VanDevender, et al.：J. Appl. Phys., Vol.53 (1982) p.4441.
11) 金原粲：スパッタリング現象（東京大学出版会，1984）．
12) 林　泉：電力系統（昭晃堂，1976）．
13) 原　雅則，秋山秀典：高電圧パルスパワー工学（森北出版，1991）．
14) 電気学会：大電流工学ハンドブック（1992）．
15) 鳳誠三郎，木原登喜夫：高電圧工学（共立出版，1960）．
16) 電気学会：高電圧試験ハンドブック（1983）．
17) 林　泉，妹尾義文：電気学会誌，Vol.86-4, No.931 (1966) p.581.
18) 林　泉，中野義映：電気学会誌，Vol.81, No.874 (1961), p.1093
19) 中野義映編：高電圧工学（オーム社，1991）．
20) 電気学会：電気学会技術報告（II部）第 426 号（1992）．
21) 林　泉，中野義映：電気学会誌，Vol.81, No.874 (1961) p.1084.
22) 亀井　亨，木原元央：加速器科学（丸善，1993）．
23) 大木正路：高電圧工学（槙書店，1982）．

解 答

2.1 ヒント：$p\,[\text{Torr}]=(101325\,p/760)\,[\text{Pa}]$ を式 (2.1) に代入して n を求める．

2.2 4.66 Torr.

2.3 (1), (3)

2.4 針ギャップなどの不平等電界ギャップでは，コロナが発生すると電極近傍の電界が緩和されるので，コロナは安定に存在できる．しかし，平等電界ギャップでコロナが発生しようとすると，その部分の電界が増加するので，一気に全路破壊となる．

3.1 大気の $V_S = 9.95\,\text{kV}$（波高値），絶縁油の $V_S \fallingdotseq \sqrt{2} \times 75\,\text{kV} = 106\,\text{kV}$.

3.4 $A = 7.9$, $n = 1/2$.

4.1 $6.74 \times 10^5\,[\text{m/s}]$.

4.4 $f_{pe} = 9 \times 10^6\,\text{Hz}$, $\lambda_D = 1.5 \times 10^{-3}\,[\text{m}]$.

5.4 V_P が V_{P1}, V_{P2} のときの I_P の値をそれぞれ I_{P1}, I_{P2} とすれば，式 (5.28) により，$\ln I_{P1} - \ln I_{P2} = e(V_{P1} - V_{P2})/(kT_e)$ が成立する．したがって $kT_e/e = (V_{P1} - V_{P2})/\ln(I_{P1}/I_{P2})$ となる．これに問題で与えられた数値を代入すると，$kT_e = 0.87\,\text{eV}$, $T_e = 1.0 \times 10^4\,\text{K}$ が得られる．

6.2 $a_e/a_i = (m_e/m_i)^{1/2}$.

6.3 $f_{ce} = 2.80 \times 10^{10} B = 2.45 \times 10^9$ により $B = 8.75 \times 10^{-2}\,[\text{T}]$.

6.4 陽子は $m = 1.67 \times 10^{-27}\,\text{kg}$, $q = 1.60 \times 10^{-19}\,\text{C}$ で，$g = 9.81\,[\text{m/s}^2]$ であるから，重力ドリフトは $1.02 \times 10^{-7}\,[\text{m/s}]$ となる．したがって求める電界 E は $E = 1.02 \times 10^{-7}\,[\text{V/m}]$ である．放電プラズマ内には，印加電圧により，これよりもはるかに大きい電界が存在するので，重力ドリフトは無視できる．

6.5 成長しない．

6.6 $qE = qvB$.

7.1 共振時には $\omega L = 1/(\omega C)$ で，回路には電流 V_0/R が流れる．したがって $V_C = V_0/(R\omega C) = (\omega L/R)V_0 = 50\,V_0$.

7.2 試験用変圧器の巻線の巻数は多いので，L が大きい．これが負荷の静電容量と直列に接続されるので，負荷の電圧は巻数比よりも上昇する．これを積極的に利用したのが，前問の共振法である．また，電源電圧に高調波が含まれていると，共振により増幅されて負荷にかかる．

7.4 S_1 が閉じたとき S_2 に加わる電圧は $2V_C$，S_1，S_2 が閉じたとき S_3 に加わる電圧は $3V_C$．

7.6 純水はインパルス電圧に対する絶縁耐力が大きいので，線路の導体間の距離を小さくできる．このため，インダクタンス L が小さくなる．また，純水の誘電率が大きく，しかも導体間の距離が小さいので，線路の静電容量は大きくなる．したがって線路のサージインピーダンスは小さくなる．

8.1 棒ギャップは火花の遅れが大きいので，インパルス電圧の立ち上りの速さによって火花電圧 V_S が変化する．また，湿度によっても V_S が変化する．このため，棒ギャップはインパルス電圧の測定に用いられない．

8.3 インパルス電圧に対しても直流電圧に対しても，$e/e_0 = R_0/(R_1 + R_0)$ となる．ただし，$R_0 = R_2 Z/(R_2 + Z)$ である．

8.4 $R_2 + R_4 = Z$ とする．

9.4 n_0 を大きくするとプラズマの圧力 $p = n_0 kT$ が増大し，これを閉じ込める磁界をつくるのが難しくなる．

索 引

あ 行

アインシュタインの関係式 82
アーク 77
アークの時定数 93
アークホーン 153
アモルファスシリコン 179
RF 放電 38
α 作用 22
アンジュレータ 164
安定化アーク 92
案内中心 99
暗流 18

イオンエンジン 183
イオン源 182
イオンさや 90
イオンシース 90
イオン飽和電流 89
イグニトロン 124
ECR 放電 100
異常グロー 77
移動度 82
陰極降下 77
陰極点 79
インパルス発生器 125

エキシマレーザ 177
X 線管 159
エポキシ樹脂 53
MHD 発電 184
MHD 不安定性 112

か 行

MPD アークジェット 184
沿面放電 52

OF ケーブル 50
オゾナイザ 37

開閉インパルス電圧 42
開閉サージ 42
外力ドリフト 102
架空地線 154
拡散 82
拡散係数 82
ガスシールドアーク溶接 172
ガス絶縁開閉装置 157
画像用電子管 159
加速管 160
型彫放電加工 174
荷電分離 104
壁電荷 36
換算電界 23
慣性核融合方式 187
完全電離プラズマ 63
γ 作用 23

基底状態 27
規約波頭長 42
規約波尾長 42
ギャップスイッチ 123
ギャップ長 19
球ギャップ 41
急しゅん波インパルス電圧 126

強電離プラズマ 63
曲率ドリフト 106
霧箱 31
キンク不安定性 112

空間電位 88
偶存電子 34
∇B ドリフト 107
クリドノグラフ 59
クローバスイッチ 131

原子分子過程 27
懸垂がいし 153

高圧水銀ランプ 174
高圧ナトリウムランプ 174
高気圧放電プラズマ 64, 77
高輝度光源 178
高周波放電 37
高速度再閉路 155
高電圧現象 2
高電界現象 2
光電子 20
50% フラッシオーバ電圧 44
固体プラズマ 4
コッククロフト-ウォルトン回路 119
コールドプラズマ 80
コロナ雑音 153
コロナ騒音 153
コロナ損 153
コロナ放電 2
コンデンサ形計器用変圧器 136
コンデンサブッシング 61

さ 行

サイクロイド 103
サイクロトロン角周波数 98
サイクロトロン周波数 98
サイクロトロン振動数 98
再結合 29
裁断波 43

サイラトロン 124
サイリスタ 124
サージインピーダンス 128
サハの式 91
酸化亜鉛形避雷器 154
酸化シリコン 54

GM 計数管 170
磁界勾配ドリフト 107
紫外線源 178
磁気閉込め方式 187
磁気ピンチ 111
磁気モーメント 107
試験用変圧器 115
実効速度 12
実効電離係数 30
始動ギャップ 124
始動時間 123
CV ケーブル 56
弱電離プラズマ 63
遮断器 155
縦続接続 115
周辺効果 52
重力ドリフト 104
準安定原子 28
準安定準位 28
準安定状態 28
衝撃波の発生 173
衝突周波数 15
衝突断面積 14
衝突頻度 15
初期電子 34
除電 168
シールド電極 141
真空ギャップスイッチ 131
真空バルブ 156
シンクロトロン 162
シンクロトロン放射 163
シンチレーション 61

垂下特性 91
ストリーマ 31

ストリーマ理論	32
スパッタリング	79
制御熱核融合反応	185
正常グロー	77
静電気障害	168
静電写真	166
静電植毛	167
静電選別	167
静電探針	87
静電電圧計	137
静電塗装	166
静電発電機	120
絶縁耐力	39
絶縁破壊	1
絶縁破壊電圧	2
絶縁油	48
旋回中心	99
全路破壊	2
相似則	18
相対空気密度	40
ソーセージ不安定性	111

た 行

大出力マイクロ波真空管	159
タイムジッタ	123
太陽風	6
多段式インパルス電圧発生器	125
多導体方式	153
端効果	52
炭酸ガスレーザ	177
単純トロイダル磁界	108
タンデム方式	160
蓄積リング	163
窒化シリコン	54, 179
窒化チタン	180
超微細加工	160
超微粒子	172

低温プラズマ	80
低気圧放電プラズマ	64, 77
D–T 反応	185
デバイ長	68
電圧劣化	56
電気集塵	165
電気的負性気体	29
電磁形計器用変圧器	135
電子顕微鏡	159
電子サイクロトロン共鳴	100
電子さや	90
電子なだれ	21
電子の衝突電離係数	22
電子ビーム照射	162
電子ビーム溶接	161
電子付着	30
電子プラズマ振動数	67
電子飽和電流	88
電磁誘導放電	38
電磁流体力学的不安定性	112
電離	3
電離エネルギー	28
電離周波数	73
電離電圧	28
電離度	63
電離頻度	73
電力用コンデンサ	50
特性インピーダンス	128
トラッキング	61
トリー	55
トリーイング	55
トリガギャップ	124
ドリフト	16
ドリフト速度	16
トロイダル	108

な 行

熱陰極	4
熱速度	12
熱電離	91

熱ピンチ 90
熱プラズマ 81
熱平衡状態 11

は 行

媒質効果 52
破壊電圧 2
破壊電界 39
パッシェン曲線 26
パッシェンの法則 25
針ギャップ 41
バリヤ放電 36
パルス圧縮 127
パルス成形線路 129

火花ギャップ 124
火花条件 25
火花電圧 25
火花の遅れ 43
非平衡プラズマ 64
ビーム描画 160
標準波形 42
平等電界ギャップ 34
表面改質 182
表面分析 159
表面放電 52
避雷器 154
ビラード回路 119

ファンデグラフ発電機 120
複合誘電体 51
負グロー 79
付着係数 30
物質の第4の状態 5
ブッシング 61
浮動電位 89
部分放電 2
部分放電試験 55
プラズマ 3
プラズマアーク 171
プラズマエッチング 180

プラズマエンジン 184
プラズマジェット 171
プラズマ焼結 173
プラズマ診断 87
プラズマ振動 65
プラズマ振動数 67
プラズマディスプレイ 177
プラズマディスプレイパネル 177
プラズマトーチ 171
プラズマの流体方程式 73
プラズマ溶射 172
フラッシオーバ 2
フラッシオーバ電圧 2
フラッシオーバ率 44
フラーレン 6
分割絶縁 60
分光用光源 178
分布定数回路 128
分流器 146

平均自由行程 15
平衡プラズマ 64
β 作用 23
ペニング効果 29
He-Ne レーザ 176

ボイド放電 54
放電 1
放電開始条件 25
放電開始電圧 25
放電加工 173
放電セル 177
放電の遅れ 43
放電率 44
ポッケルス効果 148
ボルツマン分布 82
ポロイダル 109
ポンピング 176

ま 行

マクスウェル分布 13

マグネトロン放電 103
摩擦帯電 167
マルクス回路 125
マルクス発生器 125

水トリー 56
脈動率 118

無声放電 36

メタルハライドランプ 174
メモリ機能 37
面積効果 51

や 行

誘電正接 47
誘電損 47
誘電損角 47
誘電体 47
誘電体損失 47
誘導放出 175
輸送係数 82
輸送現象 82

陽極点 79
陽光柱 80

ら 行

雷インパルス電圧 42
雷サージ 42
ラインパルサ 129
ラーマー半径 98

リソグラフィ 182
リニアック 162
リヒテンベルク像 58
リプル率 118
流速 16
流体方程式 69
両極性拡散 84
両極性拡散係数 84
臨界磁界 103

冷陰極 4
励起エネルギー 27
励起電圧 28

レーザ 175

SF_6 30
ロゴウスキーコイル 145

わ 行

ワイヤ放電加工 173
湾曲ドリフト 106

著者略歴

1953年　東京工業大学電気工学科卒業.
1970年　東京工業大学電気・電子工学科教授.
1988年　東京工業大学名誉教授.
　　　　電気通信大学電子工学科教授.
1993年　電気通信大学退官.
　　　　現在に至る．工学博士.

電気・電子・情報・通信 基礎コース
高電圧プラズマ工学

　　　　　　　　平成 8 年 9 月25日　発　　行
　　　　　　　　令和 5 年 9 月30日　第16刷発行

著作者　　林　　　　泉

発行者　　池　田　和　博

発行所　　丸善出版株式会社
　　　　　〒101-0051 東京都千代田区神田神保町二丁目17番
　　　　　編集：電話 (03)3512-3264／FAX (03)3512-3272
　　　　　営業：電話 (03)3512-3256／FAX (03)3512-3270
　　　　　https://www.maruzen-publishing.co.jp

© Izumi Hayashi, 1996

組版／三美印刷株式会社
印刷・製本／大日本印刷株式会社

ISBN 978-4-621-30433-4 C3354　　　Printed in Japan

本書の無断複写は著作権法上での例外を除き禁じられています．